요리 초보도 쉽게 만드는 집밥 레시피

만원으로 일주일 반찬 만들기

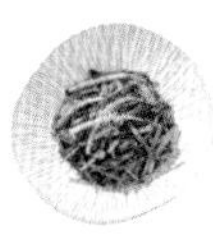
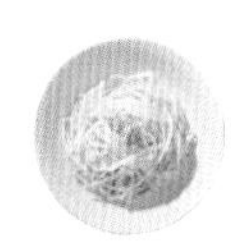

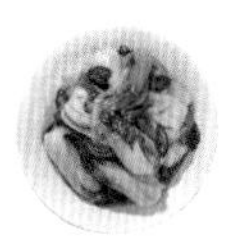

욜로리아 송혜영 지음

만원으로 일주일 반찬 만들기

Only ten thousand won for one week 5 dishes!

초판 1쇄 발행 · 2020년 6월 9일
초판 12쇄 발행 · 2023년 6월 5일

지은이 · 송혜영(욜로리아)
발행인 · 이종원
발행처 · (주) 도서출판 길벗
출판사 등록일 · 1990년 12월 24일
주소 · 서울시 마포구 월드컵로 10길 56 (서교동)
대표전화 · 02) 332-0931 | **팩스** · 02)323-0586
홈페이지 · www.gilbut.co.kr | **이메일** · gilbut@gilbut.co.kr

편집팀장 · 민보람 | **기획 및 책임편집** · 서랑례(rangrye@gilbut.co.kr) | **디자인** · 신세진 | **제작** · 이준호, 김우식
영업마케팅 · 한준희 | **웹마케팅** · 김선영, 류효정 | **영업관리** · 김명자 | **독자지원** · 윤정아, 최희창

교정 · 추지영 | **사진** · studioW 이원엽 | **푸드스타일리스트** · 양유경, 이은희, 김도연
CTP 출력 · 인쇄 · 교보피앤비 | **제본** · 경문제책

ISBN 979-11-6521-164-6(13590)
(길벗 도서번호 020137)

정가 14,400원

독자의 1초까지 아껴주는 정성 길벗출판사
(주)도서출판 길벗 | IT실용, IT/일반 수험서, 경제경영, 취미실용, 인문교양(더퀘스트) www.gilbut.co.kr
길벗이지톡 | 어학단행본, 어학수험서 www.eztok.co.kr
길벗스쿨 | 국어학습, 수학학습, 어린이교양, 주니어 어학학습, 교과서 www.gilbutschool.co.kr
페이스북 · www.facebook.com/gilbutzigy | **트위터** · www.twitter.com/gilbutzigy

독자의 1초를 아껴주는 정성!
세상이 아무리 바쁘게 돌아가더라도
책까지 아무렇게나 빨리 만들 수는 없습니다.

인스턴트 식품 같은 책보다는
오래 익힌 술이나 장맛이 밴 책을 만들고 싶습니다.

땀 흘리며 일하는 당신을 위해
한 권 한 권 마음을 다해 만들겠습니다.

마지막 페이지에서 만날 새로운 당신을 위해
더 나은 길을 준비하겠습니다.

독자의 1초를 아껴주는 정성을 만나보십시오.

✦ Prologue ✦

맛집 여행도 좋아하고, 새로운 인기 메뉴가 나오면 찾아서 맛보는 것도 좋아하지만 뭐니 뭐니 해도 가장 맛있는 건 엄마의 집밥이라는 것을 결혼하고 깨달았어요. 엄마가 직접 만든 반찬으로 차려낸 푸짐한 밥상. 늘 그러려니 하고 넙죽넙죽 받아먹었던 그 밥상. 결혼하고 보니 엄마가 차려낸 한 끼 밥상에 얼마나 많은 정성과 노력이 들어가는지 알게 되었습니다.

맞벌이 부부로 퇴근하고 집에 돌아오면 냉장고에 먹을 만한 반찬이 하나도 없었어요. 수십 년 동안 먹어왔던 엄마의 반찬과 찌개, 일품요리를 생각하며 내가 직접 음식을 만들려고 하지만 퇴근 후의 피로와 허기에 금세 지쳐버리곤 했죠. 배달 음식이나 반찬가게에서 사면 시간이 절약되기는 하지만 한두 끼 먹으면 금방 없어지니 푸짐한 한 상은 커녕 아쉬움만 남았습니다.

'일주일치 반찬을 미리 만들어보자. 그 대신 다채로운 반찬을 만들자.'

그렇게 해서 주부 초보 시절에 일주일 반찬 노트를 만들기 시작했어요. 일주일 장보기 금액과 다양한 색깔의 반찬을 정해놓고 주말에 미리 만들어두는 겁니다. 그러면 평일 퇴근 후에는 국물 요리 하나만 만들면 짧은 시간에 푸짐한 한 상을 차려 여유롭고 행복한 저녁 시간을 보낼 수 있어요.

엄마가 음식 만드는 것을 어깨너머로 보거나 학교 요리 실습에 배운 것이 전부였어요. 전문적인 요리학원을 다닌 적은 없어요. 달콤한 맛, 매콤한 맛, 짭짤한 맛, 새콤한 맛 여러 가지 섞인 맛 등 기초적인 양념 만들기와 불 조절만 잘하면 자신만의 요리 공식이 생겨요.

두려워할 필요 없어요. 처음에는 조금씩 만들어보세요. 성공하면 기쁘고, 실패하면 나만의 에피소드로 남을 거예요. 요리는 정말 어렵지 않은 즐거운 시간이에요. 처음에는 어설프고 오래 걸리지만 어느새 익숙해져서 뚝딱뚝딱 만들게 됩니다.

자취생과 요리 초보자들에게 맛있는 반찬을 쉽고 푸짐하게 만들 수 있는 방법을 공유하고자 만든 〈만원으로 장보기 자취생 일주일 반찬 만들기〉 동영상이 많은 사랑을 받으면서 여러분과 책으로 만나게 되었습니다.

열심히 사는 구독자분들에게 건강하고 푸짐한 반찬 만드는 방법을 알려드리고 싶었어요. 설탕과 소금, 화학조미료, 트랜스지방이 잔뜩 들어간 음식보다 건강한 집밥이 몸에도 좋고 푸짐하고 돈도 절약할 수 있어요. 욜로리아의 레시피와 팁을 따라 해보면서 자기 입맛에 맞는 집밥을 만들기를 바랍니다.

책이 나오기까지 응원해주시고 기다려주신 모든 분들에게 감사드립니다. 내가 만든 음식은 항상 맛있다고 칭찬해주는 가족. 장보기와 주방 뒤처리를 묵묵히 함께 해주는 든든한 남편, 엄마가 만든 음식을 맛있게 먹고 건강하게 자라준 아들, 며느리 음식 솜씨 최고라고 엄지척을 해주시는 시부모님, 만들 줄 아는 건 달걀말이밖에 없더니 이렇게 요리 잘하는 줄 몰랐다고 자랑스러워하시는 친정엄마, 그리고 언제나 채찍과 당근으로 응원하는 남동생과 여동생에게 감사드립니다.

무엇보다 미흡한 욜로리아 채널을 구독해주시고 따뜻한 댓글 또는 묵묵히 응원해주시는 든든한 구독자들께 진심으로 감사드립니다. 마지막으로 《만원으로 일주일 반찬 만들기》가 세상에 나올 수 있도록 이끌어주신 길벗 출판사 관계자 모든 분께 진심으로 감사드립니다.

2020년 5월 욜로리아

Special Thanks to

아버지가 돌아가시고 한국에서 힘들어하는 남편에게 처음으로 집밥을 만들어주었는데, 남편이 큰 위로를 받았다는 국제 결혼을 한 구독자님

부모님 없이 홀로 살아왔는데 영상을 보고 반찬을 만들 줄 알게 되었다는 구독자님

한 달에 배달음식비가 100만 원 넘게 들고 건강도 안 좋아졌는데 영상을 따라 음식을 만들어 먹고 식비도 절약하고 건강도 찾았다는 구독자님

영상을 보고 밥을 해 먹으며 걱정하는 부모님을 안심시켰다는 고등학생 구독자님

아들딸에게 집밥을 만들어주었다는 아빠 구독자님

유튜버 욜로리아의 요리 꿀팁

욜로리아가 추천하는 꼭 필요한 기본 조리도구와 집에 구비해두면 좋은 양념들을 소개합니다.
이 책에 사용된 계량법 및 재료 써는 방법을 알기 쉽게 풀어놓았습니다. 요리 초보도 이 책에 나오는 계량법을 따라 레시피대로 요리한다면 맛있는 반찬을 만들 수 있습니다.

유튜버 욜로리아의 일주일 장보기

일주일에 만원으로 5가지 반찬을 만들 수 있는 재료를 소개합니다. 수량과 가격, 레시피에 필요한 기본 양념과 재료를 한눈에 볼 수 있습니다.

각 주별로 필요한 재료를 고르는 방법과 보관법 등을 알기 쉽게 정리했습니다.

만원으로 일주일 반찬 만들기

Spring First week

●봄 1주 장보기

요리명	장보기	수량	가격	기본재료
우엉조림	우엉	300g	3,480	식초, 식용유, 다진 마늘, 진간장, 물엿, 깨
반숙달걀장	달걀	15개	3,780	대파, 청양고추, 다진 마늘, 깨, 진간장, 올리고당
콩나물무침	콩나물	1봉(300g)	1,200	대파, 다진 마늘, 소금, 참기름, 깨
부추겉절이	부추	½단	1,780(1단)	양파, 멸치액젓, 고춧가루, 설탕, 다진 마늘, 매실액, 깨
두부조림	두부	1모	1,000	대파, 양파, 고춧가루, 설탕, 진간장, 다진 마늘, 식용유
			11,240	

●봄 1주 재료 소개

우엉
뿌리채소로 식이섬유가 많아 다이어트에도 좋고, 조림, 볶음, 장아찌 등 활용도가 높은 재료입니다. 껍질이 매끈하고 흙이 없는 것, 바람이 들지 않은 것을 고릅니다.

달걀
영양을 고루 갖춘 완전식품으로 우리 집 냉장고에 없어서는 안 될 필수. 껍질이 두꺼운 것이 좋습니다. 껍질에 광이 나는 것은 오래된 달걀이니 피해주세요.

콩나물
숙취 해소에 좋은 콩나물은 비타민B와 C가 많이 함유되어 있어요. 흰빛이나 담황색을 띠는 신선한 것을 고릅니다. 조리 시에는 너무 익히지 않는 것이 좋아요.

부추
겉절이로도 좋고 부쳐 먹어도 좋아요. 마트나 시장에서 쉽게 구할 수 있는 채소로 피로 회복에 좋습니다. 시들지 않고 싱싱한 것을 골라주세요.

두부
단백질이 풍부하고 어디서나 저렴하게 구할 수 있는 생활 식자재. 찌개용, 부침용에 따라 골라 주세요.

유튜버 욜로리아의 쉽고 빠른 레시피 소개

주재료
달걀 15개

기본재료
- 대파 2대
- 청양고추 2개
- 다진 마늘 1숟가락
- 깨 1숟가락
- 물 100ml
- 진간장 100ml
- 올리고당 50ml

반숙이라 달걀 껍질이 잘 안 까질 수 있어요 완전히 식힌 후 껍질을 까주세요.

1. 물이 끓으면 달걀 15개를 넣고 8분 정도 반숙으로 삶아주세요.

2. 삶은 달걀을 찬물에 담가 완전히 식힌 다음 껍질을 까주세요.

3. 대파와 청양고추는 동글동글하게 송송 썰어주세요.

4. 물 100ml, 진간장 100ml, 올리고당 50ml를 섞어서 양념장을 만들어주세요.

5. 간장 양념장에 다진 마늘 1숟가락을 넣고 풀어주세요.

6. 간장 양념에 반숙 달걀, 대파와 청양고추를 넣고 마지막으로 깨 1숟가락을 뿌립니다. 깊은 밀폐용기에 담아 실온에 반나절 또는 냉장고에 하루 정도 두면 양념장이 적당히 배어 맛있습니다.

욜로리아 한마디

026 / 027

구입해야 하는 재료와 집에 있는 기본재료로 나누어 보여줍니다.

모든 요리 과정은 자세한 사진과 친절한 설명으로 풀어냈습니다.

먹어보지 않아도 알 수 있는 한마디 맛 표현을 달았습니다.

재료 손질부터 완성까지 걸리는 시간과 밀폐용기에 넣어 냉장 보관 할 수 있는 기간을 한눈에 보여줍니다.

욜로리아가 해당 레시피에 알려주고 싶은 한마디를 적어두었습니다.

욜로리아가 강조하는 조리 과정에 필요한 팁과 주의 사항을 알려줍니다.

미리 알려드립니다.

- 책에 소개된 레시피는 유튜버 욜로리아의 레시피를 책의 특성에 맞게 정리, 수정한 것입니다. 현재 욜로리아의 유튜브 계정에 올라와 있는 영상 속 레시피와는 차이가 있을 수 있습니다.
- 책에 소개된 장보기 가격은 이마트 기준으로 작성되었습니다. 물건 가격은 시기, 장소에 따라 유동적이고 절대적인 가격이 아니므로 참고만 해주세요.
- 보관 기간은 냉장 보관 기준입니다. 냉장고의 상태에 따라 보관 기간이 달라질 수 있습니다.

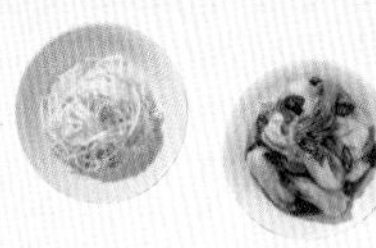

✦ Contents ✦

Intro

Spring

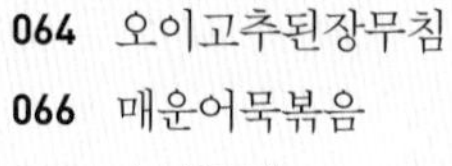

Summer

Autumn

만원으로 일주일 반찬 만들기
Winter

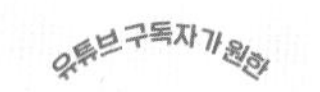
유튜브 구독자가 원한
욜로리아 1품 1만원 레시피

만원으로 일주일 반찬 만들기
Intro

기본 조리도구

요리할 때 꼭 필요한 조리도구를 소개합니다.

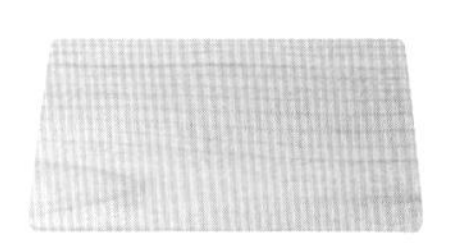

도마
재료 썰기

재료를 썰고 다질 때 사용해요. 도마는 사용 후 항상 깨끗하게 씻어 말려서 보관해야 합니다.

부엌칼
재료 썰기

재료를 썰고 다질 때 사용해요. 요리 초보에게는 칼날 위에 구멍이 뚫린 제품을 사용하면 썬 재료가 덜 달라붙어 편해요. 뭉툭해지면 칼날을 갈아서 사용해야 안전해요 .

냄비 16cm, 20cm
간단한 국, 찌개

작은 냄비는 한쪽 손잡이가 있는 편수가 좋아요. 한손으로 들어 옮기거나 물기를 따라내야 할 때는 편수 냄비가 편리합니다.

깊은 냄비 24cm
국물 요리, 삶기

국물이 넘치거나 오래 끓여야 하는 음식, 많은 분량을 조리할 때 유용합니다.

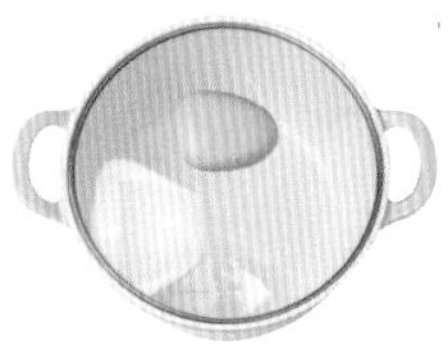

프라이팬 뚜껑

음식을 빨리 익힐 때 필요합니다. 다양한 크기의 프라이팬에 두루 사용할 수 있는 멀티 뚜껑도 있어요.

프라이팬 24cm
간단한 구이와 볶음

작은 프라이팬이 있으면 편하지만, 1개만 사용할 때는 24cm가 유용합니다.

궁중팬 28cm
반찬 볶음용, 부침용

움푹하게 들어간 프라이팬으로 볶음류 반찬, 볶음밥 등을 만들 때 재료가 넘치지 않아서 좋아요.

사각 프라이팬
달걀말이

달걀말이를 편하게 만들 수 있어요.

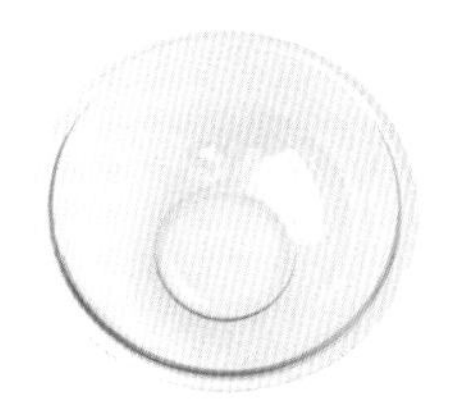

믹스볼
양념 재우기, 재료 준비

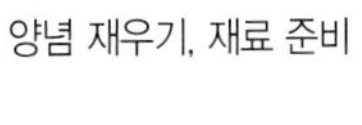

양념을 버무리거나, 채소를 씻어 담고 쌀을 씻는 등 여러 가지 용도로 활용할 수 있어요.

거름체
물기 빼기

채소를 데치거나 국수를 삶을 때 물기를 빼기 편해요.

물컵 200ml
계량

국, 김치 등 많은 양의 액체를 계량할 때 계량컵 대신 편하게 사용할 수 있어요.

국자
국물 뜨기

국물을 편하게 덜어낼 수 있어요

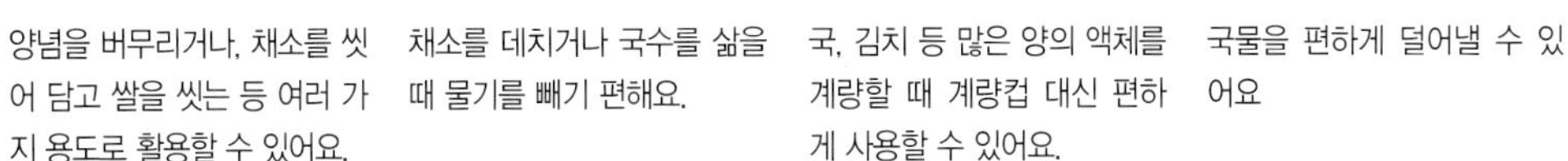

뒤집개
부침, 뒤집기

부침개, 전 등 넓적한 요리를 뒤집거나 덜어낼 때 사용해요. 나무 또는 실리콘 재질을 사용하면 프라이팬이 상하지 않아요

볶음 주걱
반찬 볶기

나무 또는 실리콘 주걱을 사용하면 프라이팬 코팅이 상하지 않아요.

집게
집고 옮기기

고기 또는 재료를 자를 때 집기, 재료를 옮길 때 편해요.

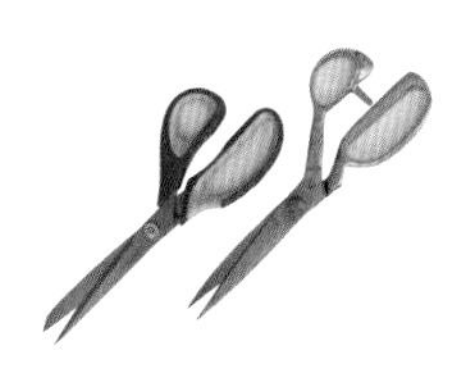

가위
자르기

다양한 재료를 쉽게 자를 수 있어요.

기본 양념

《만원으로 일주일 반찬 만들기》에 들어가는 기본 양념 재료입니다.

진간장

조림류와 양념장에 넣습니다.
가격이 저렴하고 달콤한 짠맛을 냅니다.

양조간장

무침이나 양념장에 넣습니다.
혼합물이 적고 단맛이 적기 때문에 당류를 조절해야 할 때 사용합니다.

국간장

국과 나물류를 무칠 때 소금 대신 사용합니다.
진간장이나 양조간장 대신 사용하면 매우 짜니 주의하세요.

콩유, 옥수수유

가격이 저렴하고 일반적으로 사용합니다.

포도씨유

발연점이 높아 튀김, 볶음 등에 사용되고, 샐러드 드레싱 용으로도사용.

올리브유

샐러드 드레싱이나 양념장에 넣습니다. 일반 식용유보다 발연점이 낮아 낮은 온도로 볶을 때 사용합니다.

물엿

단맛과 윤기를 내주는 역할을 합니다. 조림류와 장조림을 만들 때 양념이 빨리 스며들고 수분을 날려줍니다.

올리고당

단맛과 윤기를 내며, 물엿 대신 사용합니다.

설탕

무침, 조림, 소스 등에 단맛을 내주고, 감칠맛을 더해주기도 합니다.

양조식초

장아찌 등 물기가 많이 필요할 때는 양조식초를 넣어주세요.

2배, 3배 식초

무침류를 만들 때 2, 3배 식초를 사용하면 물기가 덜 생깁니다.

요리에센스

콩 발효액으로 깊고 풍부한 맛을 간단하게 내고 싶을 때 사용합니다.

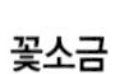

꽃소금

천일염을 끓여서 만든 소금이에요. 입자가 천일염보다 가늘고 맛소금보다 굵어요. 국, 무침 등의 간을 맞출 때, 소량의 배추를 절일 때 등 다양하게 사용합니다.

천일염

입자가 굵고, 김치 절임, 젓갈류 등을 만들 때 사용합니다.

맛소금

MSG를 첨가한 것으로 달걀프라이 등 살짝 간을 맞출 때 넣습니다.

된장

찌개, 국, 나물 반찬에 사용합니다.

고추장

볶음, 무침, 찌개, 소스 등에 매콤하고 달콤한 맛을 내줍니다.

고춧가루

요리에 매운 맛과 색을 더해줍니다. 음식 종류에 따라 굵기와 색깔, 맵기가 다른 고춧가루를 사용합니다. 요리 초보가 사용하기에는 가는 고춧가루가 적당합니다.

후춧가루

볶음, 찌개, 구이 등에 향신료 역할은 물론 재료의 잡내를 잡아줍니다.

볶음 참깨

반찬 만들기 마지막에 고소함과 장식 역할을 합니다. 피부 노화 방지에도 효과가 있습니다.

멸치액젓

주로 김치 양념에 넣고, 찌개류에 감칠맛을 더합니다.

굴소스

볶음밥, 반찬 등 다양한 요리에 넣으면 감칠맛이 납니다.

매실액

새콤달콤한 맛을 냅니다. 올리고당이나 설탕으로 대체할 수 있지만 매실액을 넣는 것과 맛이 다릅니다.

맛술

주로 재료의 잡내를 없애기 위해 사용하며, 고기류를 연하게 해주는 역할도 합니다.

참기름

나물류, 비빔밥, 양념장에 고소한 맛과 향을 더해줍니다.

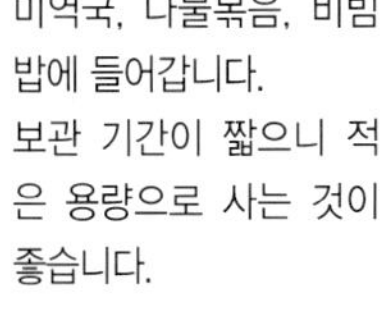

들기름

미역국, 나물볶음, 비빔밥에 들어갑니다.
보관 기간이 짧으니 적은 용량으로 사는 것이 좋습니다.

분말 조미료

육수를 만들기 힘들 때 반찬에 감칠맛을 더하기 위해 사용합니다. 분말 제품은 보관 중에 굳을 수 있으니 소포장 제품을 사는 것이 좋고, 액상 제품은 굳지 않아 편하게 사용할 수 있어요.

간단하게 계량하기

이 책에 사용된 숟가락 계량법을 소개합니다.

가루 계량

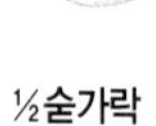

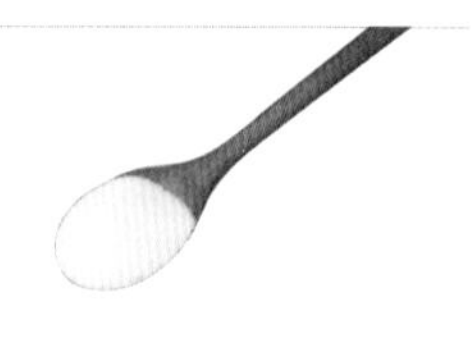

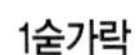

1숟가락
집에서 사용하는 숟가락에 수북이 떠서 담아주세요.

½숟가락
숟가락 절반 정도만 담아주세요.

조금
숟가락 끝부분만 채울 정도로 담아주세요.

깎아서 1숟가락
숟가락 표면을 평평하게 수평으로 깎아서 담아주세요.

액체 계량

1숟가락
집에서 사용하는 숟가락에 넘치지 않을 정도로 가득 담아주세요.

½숟가락
숟가락의 가장자리가 보일 정도로 담아주세요.

조금
숟가락의 가운데만 채울 정도로 살짝 담아주세요.

장류 계량

1숟가락
집에서 사용하는 숟가락에 가득 떠서 담아주세요.

½숟가락
숟가락 절반 정도 수북이 떠서 담아주세요.

조금
숟가락 끝부분만 채울 정도로 떠서 담아주세요.

컵 계량

종이컵 크기의 컵들은 대략 180~200ml 용량입니다.
1컵, ½컵, ⅓컵을 대략 200ml, 100ml, 60ml 정도로 계산하면 됩니다.

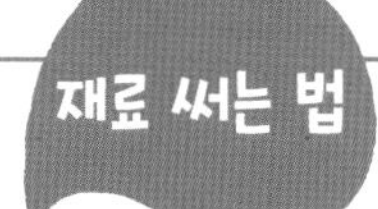

다양하게 재료 써는 방법을 알려줍니다.

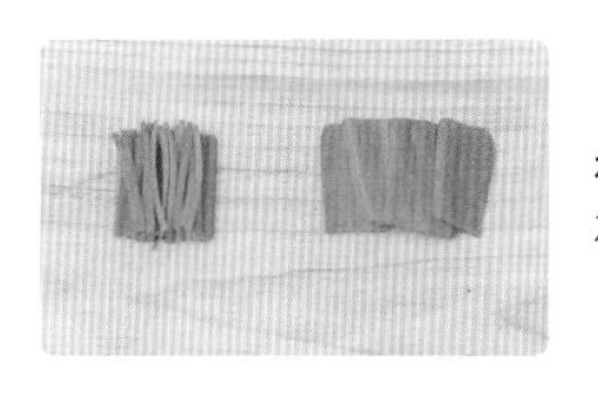

채썰기
재료를 얇고 납작하게 썬 후 겹쳐서 다시 길쭉하게 썰어주세요.

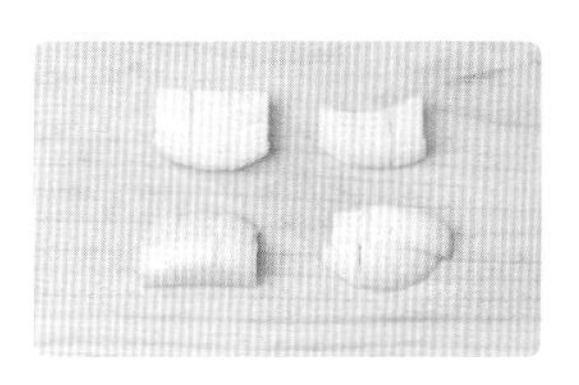

깍둑썰기
가로세로 높이가 비슷하게 사각으로 썰어주세요.

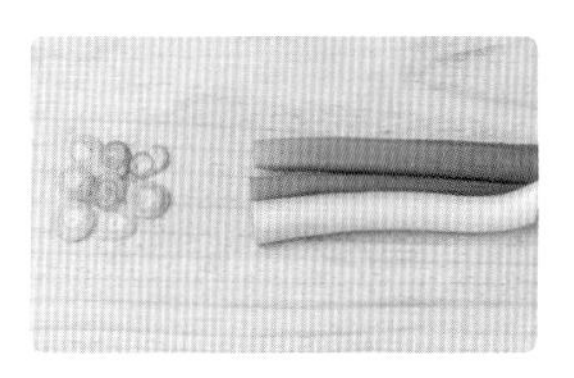

송송 썰기
대파나 고추를 동그란 모양 그대로 얇게 썰어주세요.

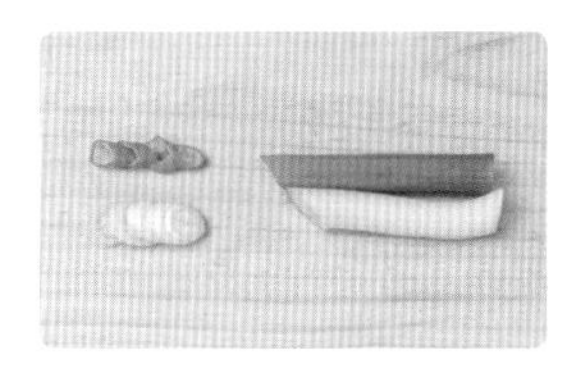

어슷썰기
대파나 오이 등 긴 재료들을 비스듬히 썰어주세요.

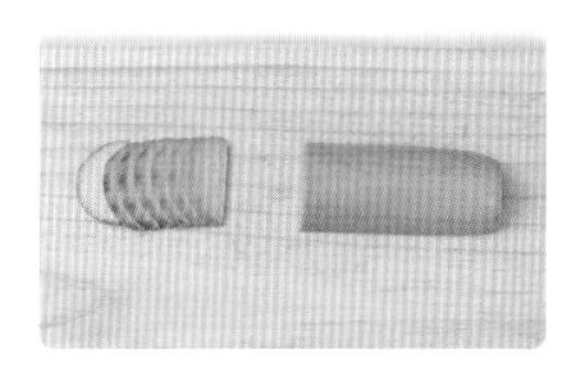

반달썰기
애호박이나 감자, 당근 등의 재료를 길게 반으로 잘라 눕혀서 일정한 두께로 썰어주세요.

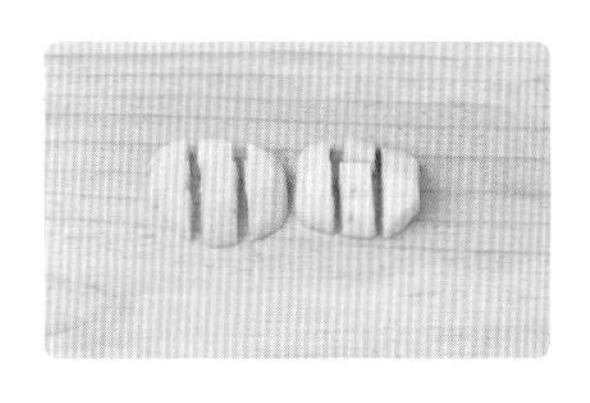

납작썰기
감자나 고구마 등을 반으로 잘라 일정한 두께로 썰어주세요.

욜로리아 Q&A

28만 구독자가 자주 하는 질문을 모았습니다.

진간장 대신 국간장을 넣으면 안 되나요?

조림류 또는 장조림을 만들 때는 반드시 달콤한 진간장 또는 양조간장을 넣어주세요. 국간장은 짠맛이 매우 강하기 때문에 국 또는 나물의 간을 맞출 때 소금 대신 넣습니다. 각각의 역할에 맞게 넣어주세요.

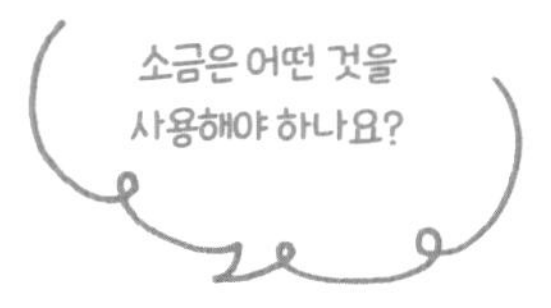

천일염을 끓여 불순물을 제거한 꽃소금이 좋습니다. 김치류를 절일 때는 굵은 천일염을 사용하는데 꽃소금으로 대체할 수도 있어요. 꽃소금은 음식 간을 맞추거나 소량의 김치를 담글 때 사용합니다.

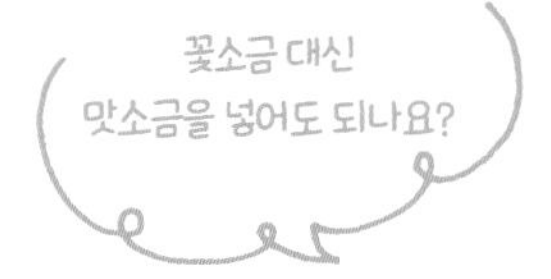

맛소금은 소금에 MSG를 첨가한 것이에요. 달걀프라이 등 간단한 음식에 넣으면 맛있지만 반찬에 넣으면 느끼할 수 있어요.

장조림에 물엿 대신 올리고당을 넣으면 안 되나요?

물엿과 올리고당 모두 단맛과 윤기를 더하는 역할을 합니다. 하지만 장조림에 물엿을 넣으면 전분 성분이 양념을 빨리 졸이는 역할을 하고 단맛을 더합니다. 올리고당은 열을 가하면 단맛이 없어지고 빨리 조려지지도 않습니다.

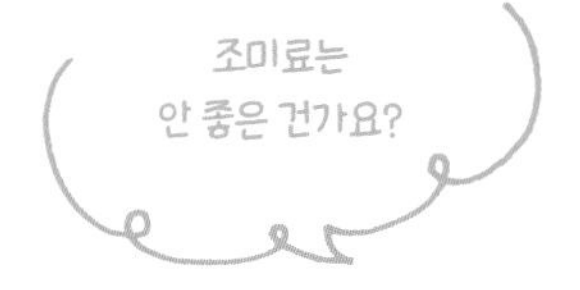

음식을 만들 때는 깊은 맛을 내는 재료가 필요해요. 예를 들어 국물용 멸치, 황태, 사과, 무, 다시마, 새우, 대파, 양파, 버섯 등 다양한 재료를 끓여서 만든 육수를 사용하면 깔끔한 감칠맛을 냅니다. 천연 재료를 사용하면 더 좋겠지만 재료와 시간이 부족하다면 조미료를 조금 넣어 맛을 내도 됩니다.

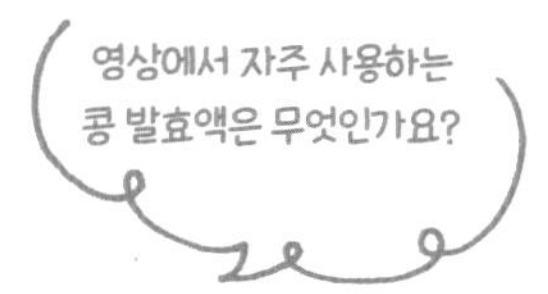

영상에 자주 등장하는 제품은 간장, 된장과 같이 콩을 발효해서 만든 것입니다. 무침, 볶음, 국, 찌개, 탕, 구이 등 어느 요리에나 사용할 수 있고 음식의 풍미를 한층 돋워 항상 구비해두는 편입니다. 다양한 종류가 있으니 용도에 맞게 선택하면 됩니다.

채소는 어떻게 보관하나요?

양파 : 습하지 않고 서늘한 곳에 보관합니다. 보관 장소가 마땅치 않을 경우 양파망에 넣은 채로 위생봉지에 담아 냉장고 채소칸에 넣어둡니다. 냉장고 용량과 성능에 따라 보관 기간은 차이가 있습니다.

감자 : 습하지 않고 서늘하고 그늘진 곳에 보관합니다. 보관 장소가 마땅치 않을 경우 신문지에 감싸서 비닐봉지에 담아 냉장고 채소칸에 넣어둡니다.

대파 : 3~4등분으로 잘라 키친타월에 싸서 지퍼백에 담아 냉장고 채소칸에 넣어둡니다. 대파에서 나오는 수분을 흡수해 무르는 것을 막아줍니다. 대파의 아삭한 맛과 신선한 모양을 그대로 유지하면서 15일에서 한 달까지 보관할 수 있습니다.
(대파 보관법 영상 https://youtu.be/sKFwPO_IFlg)
한 달 이상 보관할 때는 3~4등분으로 자르거나 용도에 맞게 썰어서 용기에 담아 냉동실에 넣어둡니다.

조금씩 남은 채소 보관법 : 밀폐용기에 담아두면 며칠 동안 보관할 수 있습니다. 더 오래 두고 먹으려면 잘게 썰어서 냉동실에 넣어두고 볶음밥, 카레, 짜장밥을 만들 때 사용합니다.

마늘은 어떻게 보관하나요?

마늘을 가장 오래 보관할 수 있는 방법은 절구나 믹서로 갈아서 냉장 또는 냉동하는 것입니다. 한 달 분량은 냉장 보관하고, 그 이상은 비닐팩에 평평하게 담아 냉동 보관합니다. 통마늘은 밀폐용기에 키친타월과 함께 넣어두는데, 시간이 지나면 부패합니다. 통마늘에 올리브유를 뿌려서 냉장 보관하면 한 달 정도 싱싱하게 유지되고, 마늘 향이 스며든 올리브유를 사용할 수도 있어요.
(마늘 보관 영상 https://youtu.be/c5otNOs4rKw)

Part 1.

겨울이 지나고 봄이 오면 온갖 싱싱한 식자재들이 나오기 시작합니다.
꼬막을 비롯해 세발나물, 미나리 등 다양한 재료들을 사용해 봄 내음
가득한 집밥을 만들어보세요.

Spring First week

● 봄 1주 장보기

요리명	장보기	수량	가격	기본재료
우엉조림	우엉	300g	3,480	식초, 식용유, 다진 마늘, 진간장, 물엿, 깨
반숙달걀장	달걀	15개	3,780	대파, 청양고추, 다진 마늘, 깨, 진간장, 올리고당, 소금
콩나물무침	콩나물	1봉(300g)	1,200	대파, 다진 마늘, 소금, 참기름, 깨
부추겉절이	부추	$\frac{2}{3}$단	1,780(1단)	양파, 멸치액젓, 고춧가루, 설탕, 다진 마늘, 매실액, 깨
두부조림	두부	1모	1,000	대파, 양파, 고춧가루, 설탕, 진간장, 다진 마늘, 식용유
			11,240	

● 봄 1주 재료 소개

우엉

뿌리채소로 식이섬유가 많아 다이어트에도 좋고, 조림, 볶음, 장아찌 등 활용도가 높은 재료입니다. 껍질이 매끈하고 흠이 없는 것, 바람이 들지 않은 것을 고릅니다.

달걀

영양을 고루 갖춘 완전식품으로 우리 집 냉장고에 없어서는 안 될 필수. 껍질이 두꺼운 것이 좋습니다. 껍질에 광이 나는 것은 오래된 달걀이니 피해주세요.

콩나물

숙취 해소에 좋은 콩나물은 비타민B와 C가 많이 함유되어 있어요. 흰빛이나 담황색을 띠는 신선한 것을 고릅니다. 조리 시에는 너무 익히지 않는 것이 좋아요.

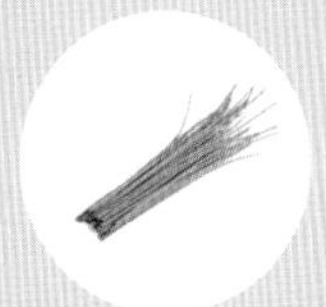

부추

겉절이로도 좋고 볶아 먹어도 좋아요. 마트나 시장에서 쉽게 구할 수 있는 채소로 피로 회복에 좋습니다. 시들지 않고 싱싱한 것을 골라주세요.

두부

단백질이 풍부하고 어디서나 저렴하게 구할 수 있는 생활 식자재. 찌개용, 부침용에 따라 골라 주세요.

우엉조림

단짠의 맛이 조화되어 아이들 입맛까지 사로잡는 밑반찬

주재료

우엉 300g

기본재료

- □ 식초 2숟가락
- □ 식용유 2숟가락
- □ 다진 마늘 ½숟가락
- □ 물 150ml
- □ 진간장 7숟가락
- □ 물엿 4숟가락
- □ 깨 1숟가락

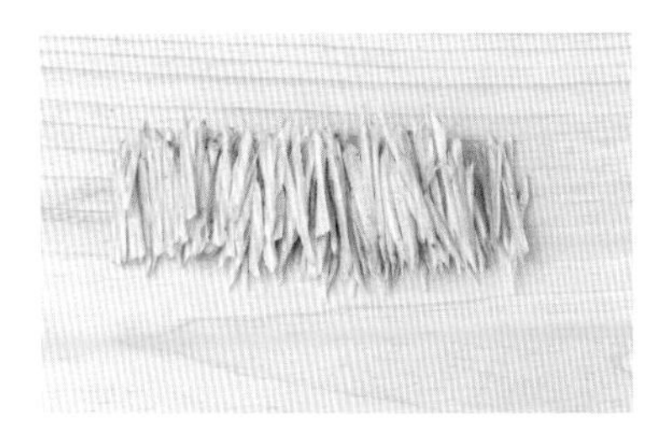

1. 우엉은 껍질을 벗기고 채를 썰어주세요. 최대한 얇게 써는 것이 좋아요.

tip 우엉을 손질할 때 손이 아릴 수 있으니 장갑을 끼고 칼질을 합니다. 채칼을 사용하면 더욱 편합니다.

2. 물에 식초 2숟가락을 넣고 채 썬 우엉을 10분 정도 담가두세요.

tip 떫은맛을 없애고 갈변을 막아줍니다.

3. 우엉을 체에 걸러 물기를 뺀 다음 프라이팬에 식용유 2숟가락을 넣고 숨이 살짝 죽을 정도만 볶아주세요.

4. 다진 마늘 ½숟가락, 물 150ml, 진간장 7숟가락, 물엿 3숟가락을 넣고 조려주세요.

5. 완성된 우엉조림에 깨 1숟가락, 물엿 1숟가락을 뿌려서 마무리합니다.

욜로리아 한마디

조림류에는 설탕 대신 물엿을 넣으면 조리는 시간을 단축할 수 있고 윤기를 더해줍니다.

반숙달걀장

달콤 짭짤한 간장 양념에 청양고추를 더해 개운한 맛

15분

5일

주재료

달걀 15개

기본재료

- □ 대파 2대
- □ 청양고추 2개
- □ 다진 마늘 1숟가락
- □ 깨 1숟가락
- □ 물 100ml
- □ 진간장 100ml
- □ 올리고당 50ml
- □ 소금 1숟가락

1. 물이 끓으면 소금 1숟가락과 달걀 15개를 넣고 8분 정도 반숙으로 삶아주세요.

2. 삶은 달걀을 찬물에 담가 완전히 식힌 다음 껍질을 까주세요.

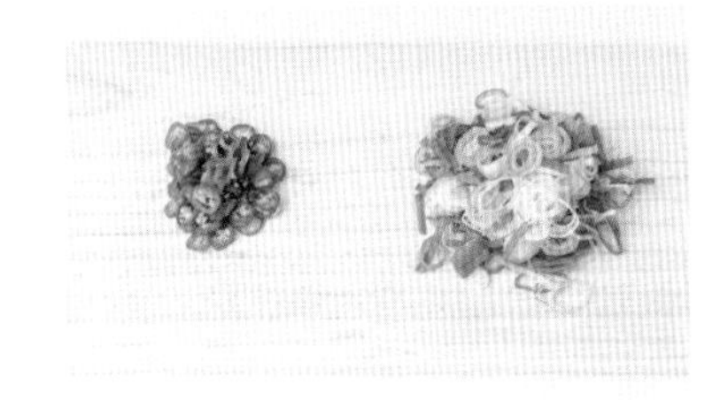

3. 대파와 청양고추는 동글동글하게 송송 썰어주세요.

4. 물 100ml, 진간장 100ml, 올리고당 50ml를 섞어서 양념장을 만들어주세요.

tip 물:진간장:올리고당=1:1:0.5 비율이 중요합니다. 단맛을 줄이고 싶다면 올리고당의 양을 조절해주세요. 올리고당은 설탕 또는 물엿으로 대체할 수 있습니다.

5. 간장 양념장에 다진 마늘 1숟가락을 넣고 풀어주세요.

6. 간장 양념에 반숙 달걀, 대파와 청양고추를 넣고 마지막으로 깨 1숟가락을 뿌립니다. 깊은 밀폐용기에 담아 실온에 반나절 또는 냉장고에 하루 정도 두면 양념장이 적당히 배어 맛있습니다.

욜로리아 한마디

간장 양념장은 한 번 끓인 후 완전히 식혀 사용하면 보관 기간을 늘릴 수 있어요.

콩나물무침

아삭한 식감과 본연의 맛으로 아이, 어른 모두 좋아하는 반찬

15분

4일

주재료

콩나물 1봉(300g)

기본재료

- □ 대파 ½대
- □ 다진 마늘 ⅓숟가락
- □ 소금 1+⅓숟가락
- □ 참기름 1숟가락
- □ 깨 1숟가락

1. 물에 소금 1숟가락을 넣고 콩나물을 담가서 삶아주세요.

2. 물이 끓고 1분 뒤 콩나물을 건져서 물기를 빼주세요.

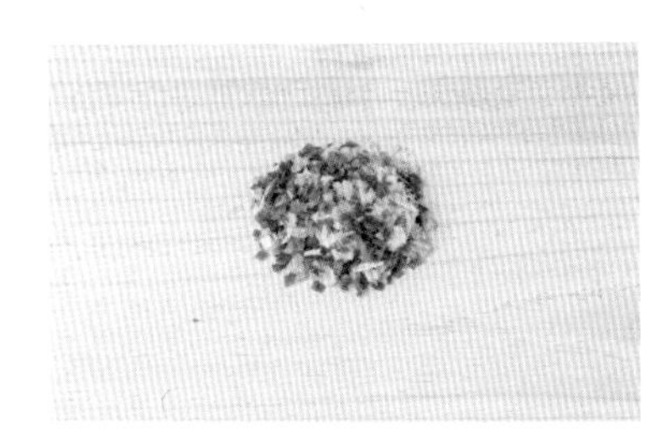

3. 대파는 잘게 다져주세요.

4. 볼에 삶은 콩나물을 담고 소금 ⅓숟가락, 다진 마늘 ⅓숟가락, 참기름 1숟가락, 깨 1숟가락, 다진 대파를 넣고 양념이 묻을 정도로 가볍게 무쳐주세요.

욜로리아 한마디

콩나물 삶은 물에 삶은 콩나물, 다진 마늘, 양파 또는 대파를 넣고 소금으로 간을 맞추면 콩나물국이 됩니다.

부추겉절이

담백한 고기와 잘 어울리는 상큼한 맛

10~15분

바로 먹거나 4일

주재료
부추 2/3단

기본재료
- □ 양파 ½개
- □ 멸치액젓 3숟가락
- □ 고춧가루 2숟가락
- □ 설탕 ½숟가락
- □ 다진 마늘 ½숟가락
- □ 매실액 1숟가락
- □ 깨 1숟가락

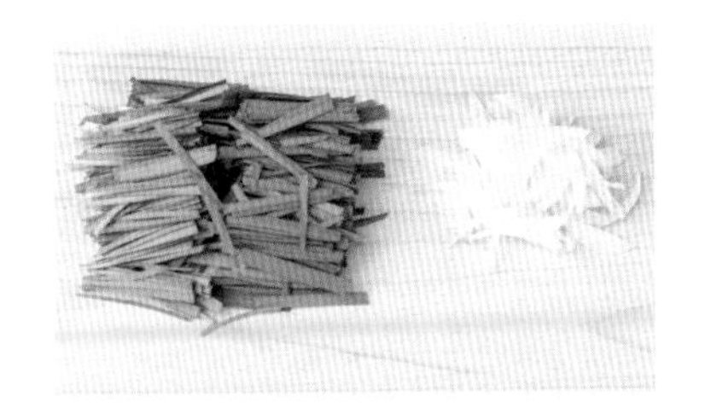

1. 부추는 깨끗이 씻어서 5cm 길이로 썰고, 양파는 채를 썰어주세요.

2. 큰 볼에 부추와 양파를 담아주세요.

3. 부추에 멸치액젓 3숟가락, 고춧가루 2숟가락, 설탕 ½숟가락, 다진 마늘 ½숟가락, 매실액 1숟가락을 넣고 부추가 숨이 죽지 않게 살살 버무려주세요.

4. 마지막으로 깨 1숟가락을 뿌려 고소한 맛을 더합니다.

Spring

욜로리아 한마디

• 액젓 : 멸치액젓, 까나리액젓, 참치액젓 등 어느 것이나 사용해도 됩니다.
• 부추는 조금 남겨두었다가 채 썬 양파와 함께 부추전을 만들어 먹어도 됩니다.

두부조림

달콤 짭짤하고 매콤해서 어른 입맛에 맞는 반찬

주재료

부침용 두부 1모

기본재료

- □ 대파 ½대
- □ 양파 ½개
- □ 고춧가루 1.5숟가락
- □ 설탕 ½숟가락
- □ 진간장 4숟가락
- □ 다진 마늘 1숟가락
- □ 물 100ml
- □ 식용유 3숟가락

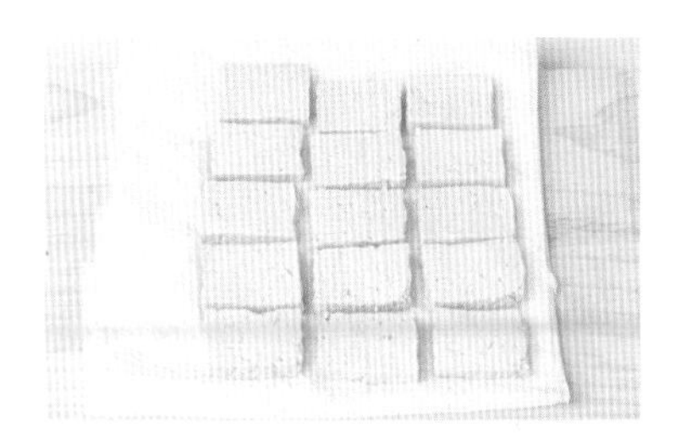

1. 두부 1모를 반으로 잘라 새끼손가락 두께로 넓적하게 썬 다음 키친타월에 올려 물기를 빼주세요. 물기를 최대한 빼야 구울 때 기름이 튀지 않아요.

2. 고춧가루 1.5숟가락, 설탕 ½숟가락, 진간장 4숟가락, 다진 마늘 1숟가락, 물 100ml를 섞어 양념장을 만들어주세요.

3. 프라이팬에 식용유 3숟가락을 두르고 두부를 중불에서 부쳐주세요.

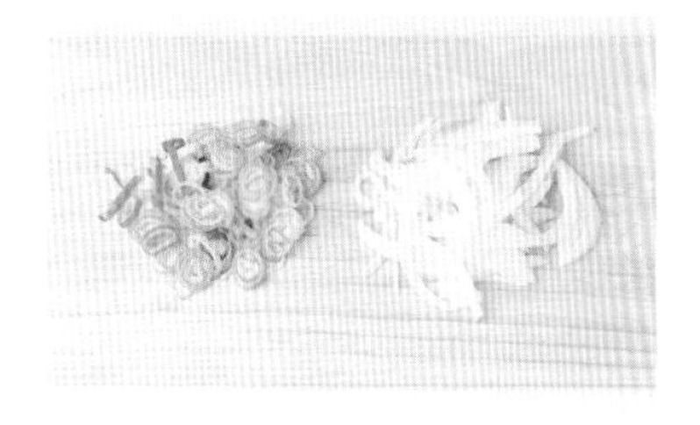

4. 양파는 얇게 채를 썰고, 대파는 동글동글하게 송송 썰어주세요.

5. 냄비에 양파, 대파, 두부 순으로 켜켜이 쌓은 후 양념장을 붓고 마지막에 대파를 올려 뚜껑을 덮고 끓여주세요.

6. 두부조림이 끓기 시작하면 약불로 줄이고 뚜껑을 열어 양념장을 골고루 뿌리면서 적당히 조려주세요.

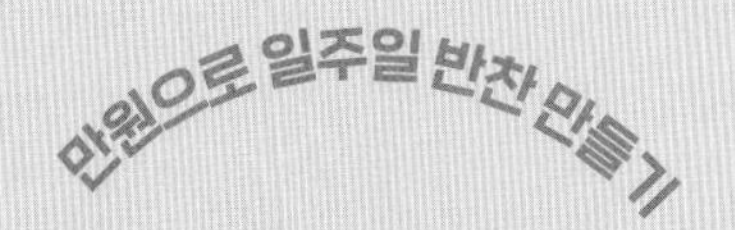

Spring Second week

●봄 2주 장보기

요리명	장보기	수량	가격	기본재료
꼬막무침	꼬막	1kg	5,980	청양고추, 미나리, 대파, 진간장, 고춧가루, 다진 마늘, 설탕, 맛술, 참기름, 깨, 꽃소금
애호박볶음	애호박	1개	1,000	양파, 다진 마늘, 새우젓, 고춧가루, 식용유
무생채	무	½개	1,280(1개)	대파, 꽃소금, 다진 마늘, 고춧가루, 설탕, 멸치액젓, 깨
미나리초무침	미나리	1봉	2,480	양파, 고춧가루, 다진 마늘, 식초, 설탕, 깨
어묵볶음	사각어묵	1봉	1,000	양파, 대파, 진간장, 다진 마늘, 올리고당(또는 물엿), 식용유
			11,740	

●봄 2주 재료 소개

꼬막

꼬막은 껍데기에 윤이 나고 깨지지 않은 것이 좋고, 살은 크고 붉은색을 띠는 것이 싱싱해요. 꼬막에는 타우린, 칼슘 등 다양한 영양소가 들어 있어 피로 회복에 좋습니다.

애호박

표면에 상처가 없고 만졌을 때 단단하면서 빛깔이 좋은 것을 고릅니다. 꼭지가 신선한 상태로 달려 있는 것이 좋습니다.

무

무는 김치, 깍두기, 무말랭이, 단무지 등 다양하게 활용 가능한 재료입니다. 무는 모양이 곧고 표면이 하얗고 매끄러운 것이 좋아요. 들어봤을 때 묵직한 느낌이 나는 것을 고릅니다.

미나리

줄기가 너무 굵지 않고 색이 진하고 선명한 것이 싱싱해요. 특히 이파리가 시들지 않은 것을 고릅니다.

어묵

어묵은 쉽게 구할 수 있는 재료예요. 조리하기 전에 뜨거운 물에 한 번 데치면 기름기가 제거되어 느끼한 맛을 줄일 수 있어요.

꼬막무침

짭짤하고 매콤한 맛이 고소한 맛과 어우러져 어른들이 좋아하는 반찬

주재료

꼬막 1kg

기본재료

- □ 청양고추 1~2개
- □ 미나리 1대
- □ 대파(흰 부분) ⅓대
- □ 꽃소금(또는 천일염) 1숟가락
- □ 진간장 4숟가락
- □ 맛술 1숟가락
- □ 고춧가루 2숟가락
- □ 다진 마늘 ½숟가락
- □ 설탕 1숟가락
- □ 참기름(또는 들기름) 1숟가락
- □ 깨 1숟가락

1. 꼬막을 물에 담가 꽃소금(또는 천일염) 1숟가락을 넣고 뚜껑을 덮어 1시간 정도 해감한 후 깨끗이 닦아주세요.

tip 밝은 상태에서는 해감이 잘되지 않으니 투명한 뚜껑은 사용하지 않습니다. 뚜껑 대신 검은 비닐을 씌워도 됩니다.

2. 냄비에 꼬막을 담아 잠길 정도로 물을 붓고 입을 벌릴 때까지 삶아주세요.

Spring

3. 삶은 꼬막은 찬물에 한 번 헹군 뒤 살만 발라주세요.

tip 찬물에 헹궈야 쫄깃한 맛이 살아납니다.

4. 진간장 4숟가락, 맛술 1숟가락, 고춧가루 2숟가락, 다진 마늘 ½숟가락, 설탕 1숟가락, 참기름(또는 들기름) 1숟가락을 섞어 양념장을 만들어주세요.

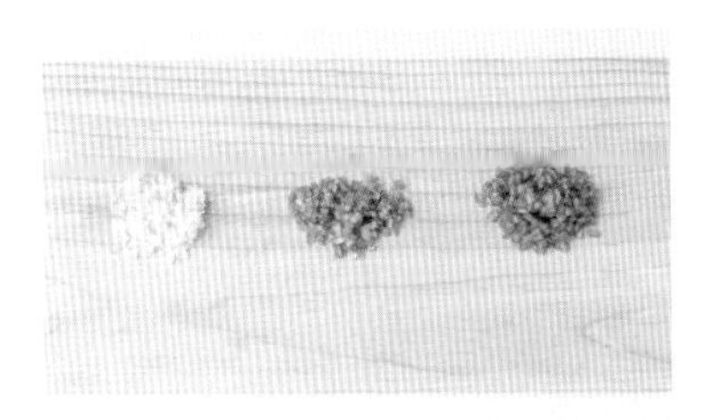

5. 청양고추와 미나리는 잘게 썰고, 대파도 세로로 4등분한 다음 잘게 썰어주세요.

tip 미나리는 식초 1숟가락을 넣은 물에 담가 흔들어준 후 깨끗한 물로 헹궈주세요.

6. 꼬막살에 양념장 4숟가락을 넣고 골고루 섞은 다음 마지막에 깨 1숟가락을 뿌려주세요.

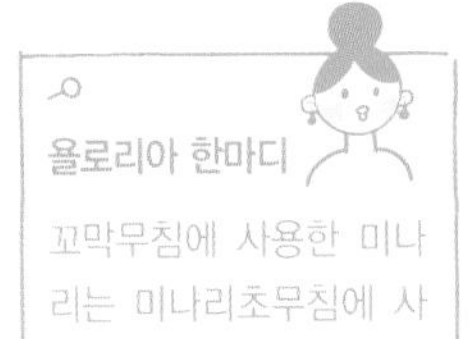

율로리아 한마디

꼬막무침에 사용한 미나리는 미나리초무침에 사용하고 남은 것이에요.

애호박볶음

짭짤한 새우젓이 식욕을 돋우는 맛

15분

4~5일

주재료

애호박 1개

기본재료

- □ 양파 ½개
- □ 다진 마늘 ½숟가락
- □ 새우젓 1숟가락
- □ 고춧가루 1숟가락
- □ 식용유 3숟가락

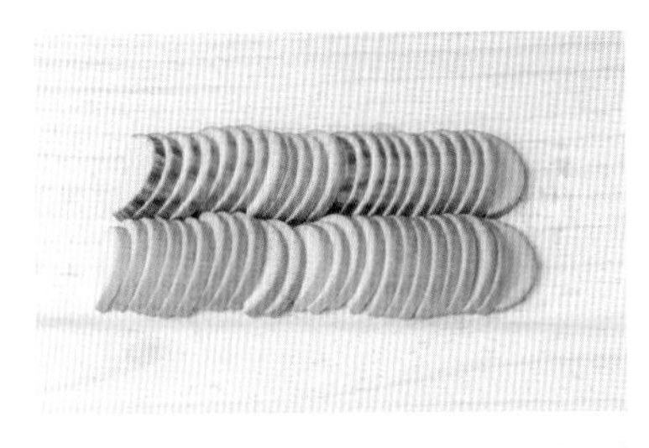

1. 애호박은 세로로 2등분한 후 5mm 두께로 반달썰기를 해주세요.

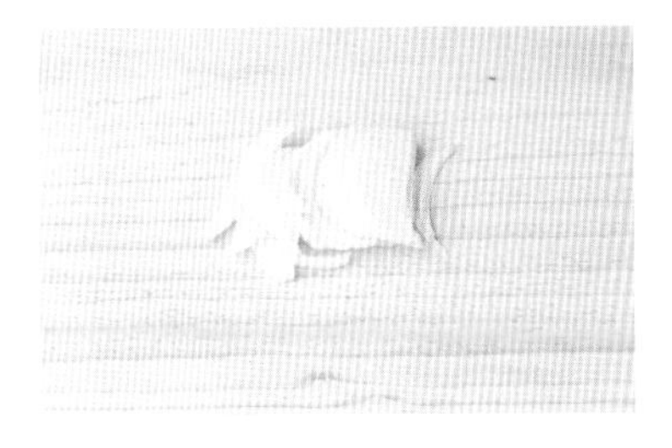

2. 양파는 5mm 두께로 채를 썰어주세요.

3. 프라이팬에 식용유 3숟가락을 두르고 채 썬 양파, 다진 마늘 ½숟가락을 한 번 볶아주세요.

4. 애호박을 넣고 숨이 살짝 죽을 정도로 볶아주세요.

5. 새우젓 1숟가락, 고춧가루 1숟가락을 넣고 한 번 더 볶아줍니다.

tip 새우젓이 없다면 소금으로 간을 맞춥니다.
하루 정도 지나면 물기가 생기는데 밥에 비벼 먹어도 맛있어요.

무생채

밥과 잘 어울리는 매콤 짭짤하고 아삭한 맛

주재료

무 ½개

기본재료

- □ 대파 1대
- □ 꽃소금 2숟가락
- □ 다진 마늘 1숟가락
- □ 고춧가루 2숟가락
- □ 설탕 1숟가락
- □ 멸치액젓 1숟가락
- □ 깨 1숟가락

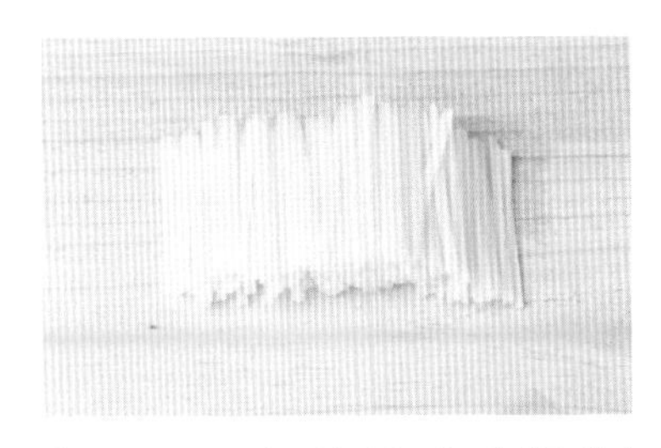

1. 무를 5mm 두께로 썬 다음 가늘게 채를 썰어주세요.

tip 채칼을 이용하면 편하게 무채를 만들 수 있어요.

2. 무채에 꽃소금 2숟가락을 넣고 30분 정도 절인 다음 꽉 짜서 물기를 완전히 빼주세요.

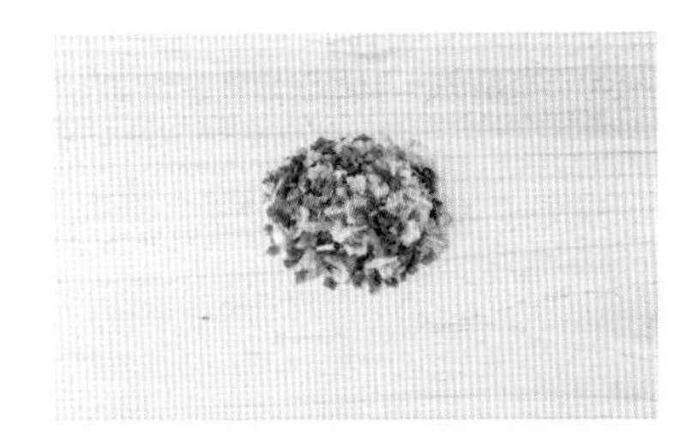

3. 대파는 잘게 썰어주세요.

4. 무채에 다진 마늘 1숟가락, 고춧가루 2숟가락, 설탕 1숟가락, 멸치액젓 1숟가락을 넣고 버무려주세요.

5. 깨 1숟가락과 잘게 썬 대파를 살살 섞어주세요.

tip 먹기 직전에 참기름을 한두 방울 넣으면 더욱 고소하고 맛있습니다.

미나리초무침

새콤 매콤 입맛을 돋우는 맛

15분

2~3일

주재료

미나리 1봉(여기서 1대는 꼬막무침에 사용)

기본재료

- 양파 ½개
- 고춧가루 3숟가락
- 다진 마늘 1숟가락
- 식초 10숟가락 (세척용 2숟가락)
- 설탕 1숟가락
- 깨 1숟가락

1. 볼에 미나리가 잠길 정도로 물을 부어 식초 2숟가락을 넣고 섞어주세요. 미나리를 담가 흔들어서 살짝 씻은 후 흐르는 물에 미나리 전체를 씻어주세요.

tip 흔들어서 씻어야 이물질이 잘 제거됩니다.

2. 미나리는 5cm 길이로 먹기 좋게 잘라주세요.

3. 양파 ½개를 미나리 두께 정도로 채를 썰어주세요.

4. 고춧가루 3숟가락, 다진 마늘 1숟가락, 식초 8숟가락, 설탕 1숟가락을 넣고 양념장을 만들어 주세요.

5. 미나리, 채 썬 양파에 양념장을 넣어 미나리 숨이 죽지 않게 살살 버무려주세요.

tip 양념장은 한꺼번에 다 넣지 말고 조금씩 넣어가면서 간을 맞춥니다.

6. 깨 1숟가락을 뿌려서 마무리합니다.

어묵볶음

단짠의 조화! 어른은 물론 아이들도 좋아하는 맛

10~15분

5~7일

주재료

사각어묵 1봉(8장)

기본재료

- 양파 ½개
- 대파 ⅓대
- 진간장 3숟가락
- 다진 마늘 ½숟가락
- 올리고당(또는 물엿) 1숟가락
- 식용유 2숟가락

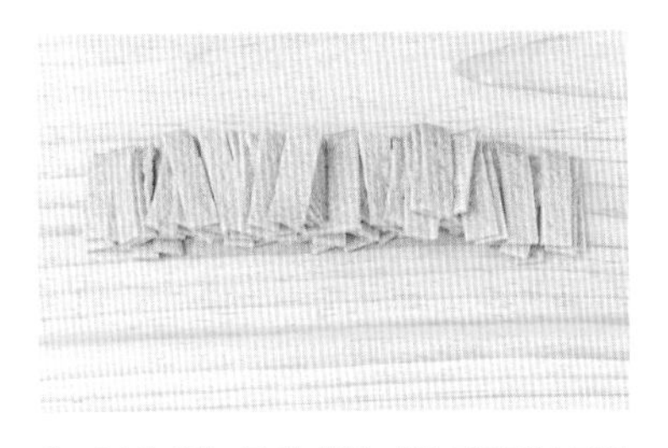

1. 어묵은 끓는 물에 살짝 데쳐 기름기를 제거한 후 사각으로 썰어주세요.

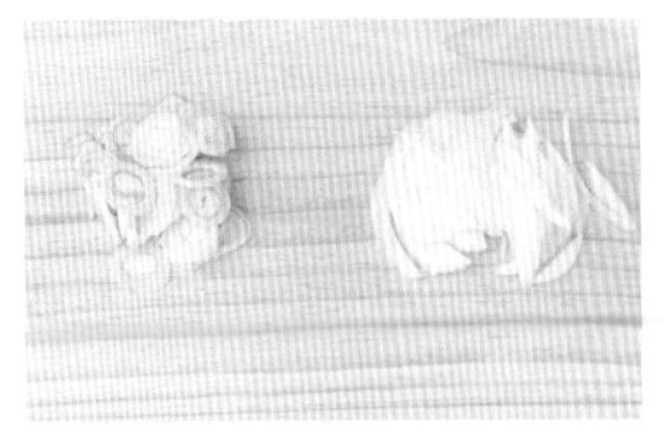

2. 양파는 3mm 두께로 채를 썰고, 대파는 동글동글하게 송송 썰어주세요.

3. 냄비에 식용유 2숟가락을 두르고 채 썬 양파를 볶아주세요. 양파가 살짝 투명해지면 어묵을 넣고 30초~1분 정도 볶아주세요.

4. 진간장 3숟가락, 다진 마늘 ½숟가락을 넣고 중불에 볶아주세요.

tip 물 2숟가락을 넣으면 어묵이 타지 않게 볶을 수 있어요.

5. 올리고당(또는 물엿) 1숟가락을 넣고 한 번 섞어서 단맛과 윤기를 더해주세요.

tip 올리고당(또는 물엿)이 없다면 4의 과정에서 설탕을 조금 넣어줍니다.

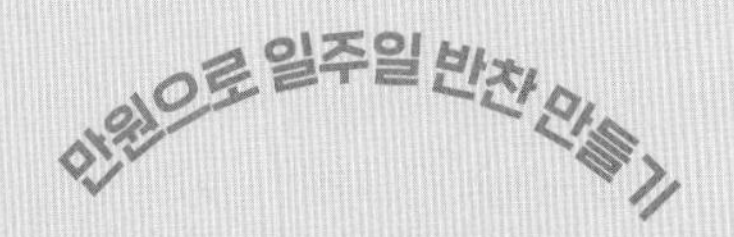

Spring Third week

●봄 3주 장보기

요리명	장보기	수량	가격	기본재료
세발나물무침	세발나물	200g	2,000	양파, 멸치액젓, 다진 마늘, 고춧가루, 매실액, 국간장, 참기름, 깨, 소금
양파장아찌	양파	4개	2,380	진간장, 양조식초, 설탕
숙주나물	숙주	1봉(200g)	1,480	대파, 다진 마늘, 소금, 참기름, 깨
와사비맛살샐러드	맛살	1봉	2,000	양파, 마요네즈, 와사비
단무지무침	단무지	1개(400g)	2,380	대파, 고춧가루, 올리고당, 다진 마늘, 깨
			10,240	

●봄 3주 재료 소개

세발나물

칼슘과 미네랄이 풍부한 세발나물은 잎과 뿌리가 잘 붙어 있고, 연녹색으로 선명하고 끝이 시들지 않은 것을 고릅니다.

양파

어디서나 구하기 쉬운 효자 아이템 양파. 장아찌용 양파가 따로 있지만 일반 양파를 사용해도 됩니다. 무르지 않고 단단하며 껍질이 잘 마른 양파를 고릅니다.

숙주

잔뿌리가 없고 뿌리가 단단한 것이 좋습니다. 지나치게 통통한 것은 풋내가 많이 나서 좋지 않으니 피해주세요.

맛살

샐러드로 먹어도 좋고, 김밥에 넣어도 좋은 맛살. 어육 함량이 높고, 식품첨가물이 최대한 적게 들어간 제품을 선택하는 것이 좋아요.

단무지

김밥이나 짜장면을 먹을 때 빠질 수 없는 단무지. 유통기한이 길고 가격이 맞다면 국내산 무를 사용한 단무지를 고릅니다.

세발나물무침

상큼한 봄의 맛

15분

2~3일

주재료

세발나물 200g

기본재료

- □ 양파 ¼개
- □ 멸치액젓 ½숟가락
- □ 다진 마늘 ¼숟가락
- □ 고춧가루 1숟가락
- □ 매실액 1숟가락
- □ 국간장 ½숟가락
- □ 참기름 ½숟가락
- □ 깨 ½숟가락
- □ 소금 ½숟가락

1. 세발나물은 물에 흔들어 여러 번 깨끗이 씻어주세요.

2. 끓는 물에 소금 ½숟가락을 넣고 세발나물을 20초 정도 데쳐주세요.

3. 데친 세발나물은 찬물에 헹궈 물기를 꽉 짠 후 4등분으로 잘라주세요.

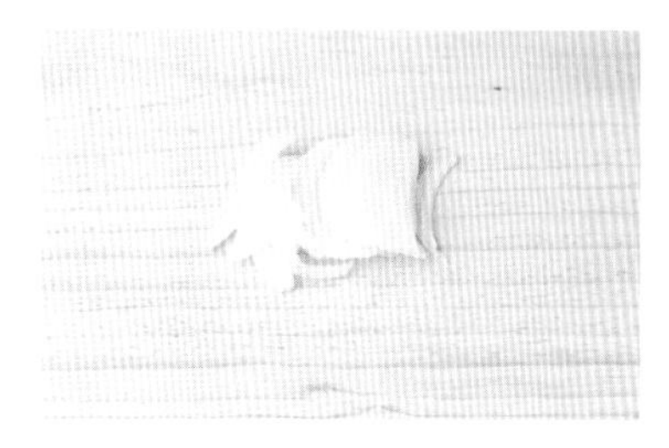

4. 양파 ¼개는 3mm 두께로 채를 썰어주세요.

5. 멸치액젓 ½숟가락, 다진 마늘 ¼숟가락, 고춧가루 1숟가락, 매실액 1숟가락, 국간장 ½숟가락, 참기름 ½숟가락, 깨 ½숟가락을 섞어 양념장을 만들어주세요.

6. 세발나물과 채 썬 양파에 양념장을 넣고 뭉치지 않게 골고루 무쳐주세요.

양파장아찌

아삭한 식감에 입안이 깔끔해지는 맛!

15분

일주일 이상

주재료

양파 4개

기본재료

- 물 200ml
- 진간장 200ml
- 설탕 100ml
- 양조식초 200ml

1. 양파는 5mm 두께로 채를 썰어 밀폐용기에 담아주세요.

2. 냄비에 물 200ml, 진간장 200ml, 설탕 100ml, 양조식초 200ml를 넣고 끓여주세요.

tip 컵마다 용량이 다르니 적당히 계량하되 비율은 정확히 맞춥니다. 물:진간장:설탕:양조식초=1:1:0.5:1

3. 끓인 간장을 양파에 부어주세요.

tip 뜨거울 때 부어야 양파가 더욱 아삭아삭합니다.

4. 뜨거운 김이 다 빠지고 완전히 식으면 뚜껑을 덮고 하루 또는 반나절 실온에 보관합니다.

tip 일주일 이상 먹을 양을 만들 때는 유리병을 열탕 소독한 후 사용합니다.

욜로리아 한마디

열탕 소독 : 끓는 물에 밀폐용기를 담갔다가 30초 후에 꺼내주세요. 열탕 소독을 하면 미생물이 번식하지 않아 좀 더 오래 보관할 수 있습니다.

숙주나물

아삭한 식감이 신선한 맛

10분

2~3일

주재료

숙주 1봉(200g)

기본재료

- □ 대파 ¼대
- □ 다진 마늘 ⅓숟가락
- □ 소금 ¼숟가락
- □ 참기름 1.5숟가락
- □ 깨 1숟가락

1. 숙주는 깨끗이 씻어서 물기를 빼주세요.

2. 끓는 물에 숙주를 넣고 뚜껑을 덮은 상태에서 2분만 삶은 다음 찬물에 헹궈 물기를 완전히 빼주세요.

tip 아삭한 식감을 살리기 위해서는 빨리 건져서 헹궈주세요.

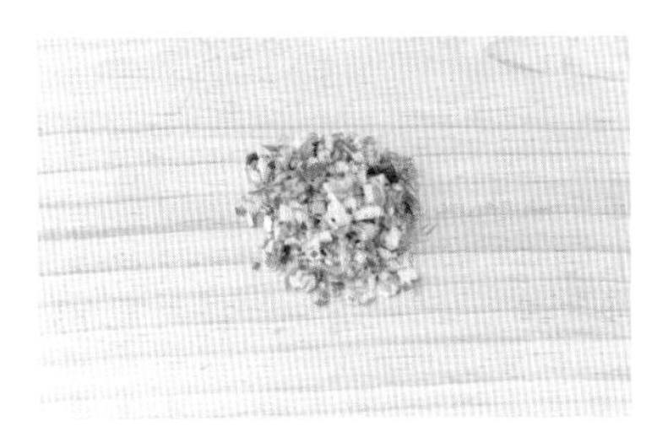

3. 대파는 길게 절반을 자른 다음 잘게 다져주세요.

4. 데친 숙주에 다진 마늘 ⅓숟가락, 소금 ¼숟가락, 참기름 1.5숟가락을 넣고 살살 버무리듯이 무쳐주세요.

5. 마지막으로 다진 대파와 깨 1숟가락을 넣어 한 번 더 살짝 버무립니다.

욜로리아 한마디

깨는 고소한 맛을 더할 뿐 아니라 불포화지방산과 토코페롤 성분이 있어 피부 노화 방지에도 좋답니다.

와사비맛살샐러드

톡 쏘는 부드럽고 고소한 맛

주재료

맛살 1봉

기본재료

- 양파 ¼개
- 마요네즈 2숟가락
- 와사비 ½숟가락

1. 맛살은 2등분해서 길게 찢어주세요.

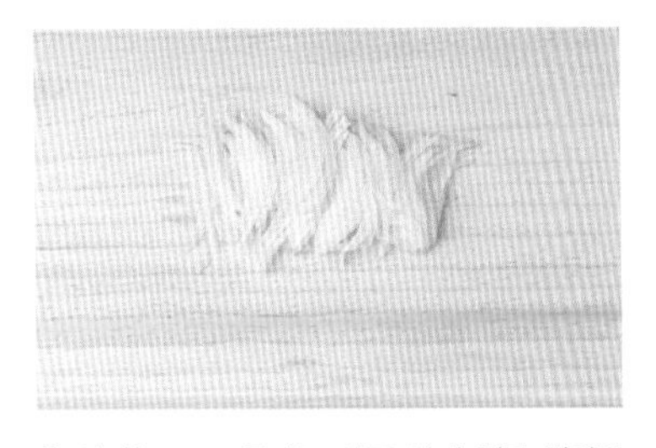

2. 양파는 1mm 두께로 아주 얇게 채를 썰어주세요.

3. 맛살과 양파에 마요네즈 2숟가락, 와사비 ½숟가락을 넣어주세요.

4. 와사비가 뭉치지 않도록 골고루 섞어주세요.

Spring

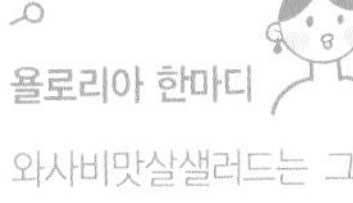

욜로리아 한마디

와사비맛살샐러드는 그냥 먹어도 맛있지만 식빵이나 모닝빵에 넣어 샌드위치로 만들거나 크래커 위에 올려 카나페로 먹어도 맛있어요.

단무지무침

아이들도 좋아하는 단짠 새콤의 조화!

주재료

단무지 1개(400g)

기본재료

- □ 대파 ½대
- □ 다진 마늘 ⅓숟가락
- □ 고춧가루 1숟가락
- □ 올리고당 1.5숟가락
- □ 깨 1숟가락

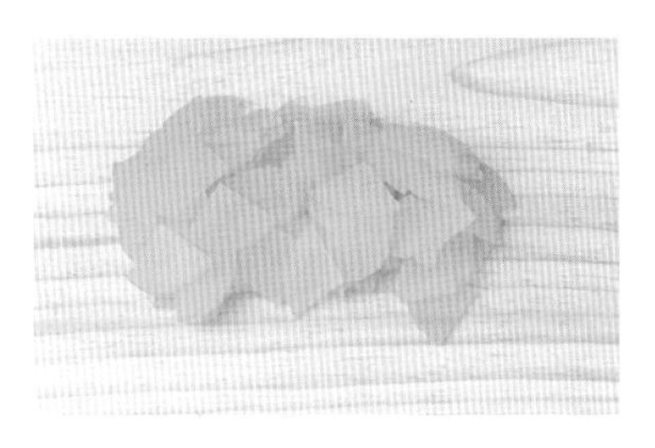

1. 단무지는 세로로 4등분한 다음 최대한 얇게 썰어주세요.

2. 대파는 길게 절반으로 가른 다음 잘게 다져주세요.

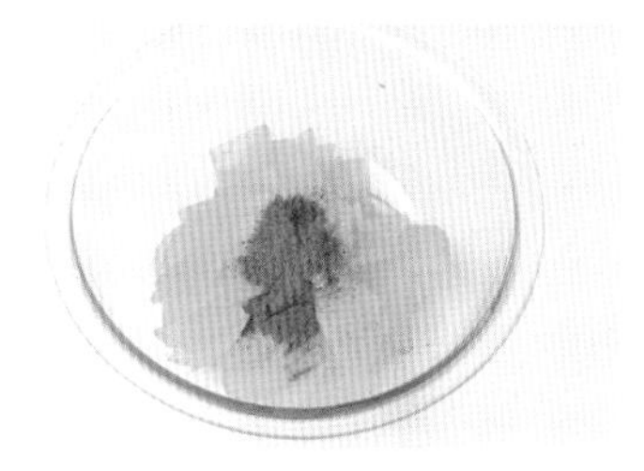

3. 단무지에 고춧가루 1숟가락, 올리고당 1.5숟가락, 다진 마늘 ⅓숟가락을 넣고 버무려주세요.

4. 마지막으로 다진 대파와 깨 1숟가락을 넣고 살살 버무립니다.

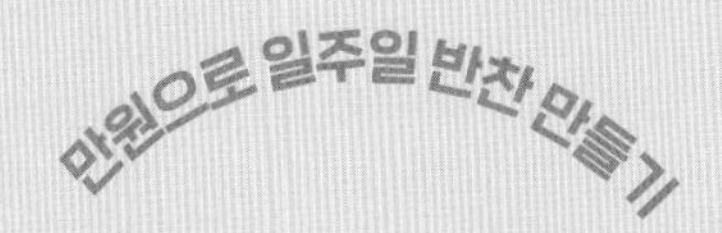

Spring Fourth week

●봄 4주 장보기

요리명	장보기	수량	가격	기본재료
고등어조림	고등어	1손(2마리)	4,980	양파, 무, 대파, 청양고추, 진간장, 다진 마늘, 고춧가루, 후춧가루, 된장
꼬마깍두기	무	¾개	1,280(1개)	대파, 꽃소금, 다진 마늘, 설탕, 고춧가루, 멸치액젓
오이고추된장무침	오이고추	1봉	1,500	된장, 다진 마늘, 올리고당, 참기름, 깨
매운어묵볶음	사각어묵	1봉	1,000	양파, 대파, 다진 마늘, 고춧가루, 진간장, 올리고당, 식용유
오이무침	오이	3개	1,480	다진 마늘, 고춧가루, 고추장, 올리고당, 2배 식초, 소금, 깨
			10,240	

●봄 4주 재료 소개

고등어

아가미가 싱싱하고 붉은 색을 띠는 것이 좋아요. 눈에 투명한 느낌이 있고 등이 청록색 빛깔이 나며 광택이 나는 것이 싱싱한 고등어예요

무

무는 잔뿌리가 별로 없고 표면이 하얗고 매끄러운 것이 좋습니다. 들어보았을 때 묵직하고 단단한 것, 녹색이 전체의 1/3 정도면 아주 좋은 무예요.

오이고추

빛깔이 곱고 윤이 나는 것을 고릅니다. 그리고 만져봤을 때 약간 단단한 느낌이 드는 것이 신선한 오이고추입니다.

어묵

어묵은 어른 아이 모두 좋아하는 재료예요. 어육 함량이 높은 제품을 골라주세요.

오이

초록빛이 선명하고 위아래 굵기가 비슷한 것이 좋아요. 껍질이 오톨도톨할수록 신선한 오이입니다.

고등어조림

무의 달달함과 양념의 얼큰함이 어우러진 밥도둑

30분

2일
(오래 보관하면
비린맛이 강해집니다)

주재료

고등어 1손(2마리)

기본재료

- 무 ¼개
- 양파 ½개
- 대파 1대
- 청양고추 2~3개
- 진간장 3숟가락
- 고춧가루 3숟가락
- 다진 마늘 1숟가락
- 후춧가루 조금
- 된장 1숟가락
- 물 250ml

1. 고등어는 흐르는 물에 깨끗이 씻어주세요.

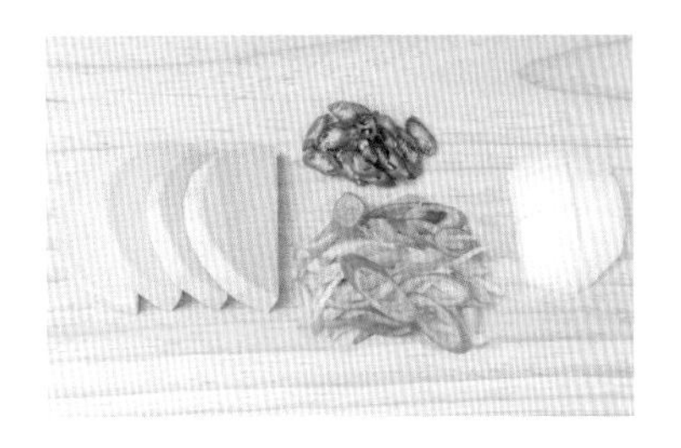

2. 무는 세로로 자른 후 1cm 두께로 반달썰기를 하고, 양파와 대파, 청양고추는 5mm 두께로 썰어주세요.

tip 무는 가운데 흰 부분을 사용해야 단맛을 낼 수 있습니다.

3. 냄비에 무를 깔고 고등어, 양파, 청양고추 순으로 올린 후 물 200ml에 된장 1숟가락을 잘 풀어 부어주세요.

tip 된장은 고등어의 비린내를 잡아줍니다.

4. 진간장 3숟가락, 고춧가루 3숟가락, 다진 마늘 1숟가락, 후춧가루 조금, 물 50ml를 섞어 양념장을 만들어주세요.

5. 고등어조림이 끓으면 양념장을 골고루 올려서 중불에 10분 이상 끓여주세요.

6. 마지막으로 대파를 올리고 뚜껑을 살짝 연 상태에서 약불에 5~10분 조려주세요.

tip 무가 투명해질 때까지 익어야 단맛이 우러나서 더욱 맛있습니다.

꼬마깍두기

무의 아삭함과 매콤 짭짤한 맛이 일품

15분
+30분(절이기)

일주일 이상

주재료

무 ¾개

기본재료

- □ 꽃소금(또는 천일염) 2숟가락
- □ 대파 ½대
- □ 고춧가루 3숟가락
- □ 설탕 1숟가락
- □ 다진 마늘 1숟가락
- □ 멸치액젓 2숟가락

1. 무는 가로세로 1cm 크기로 깍둑썰기를 해주세요.

2. 무에 꽃소금(또는 천일염) 2숟가락을 넣고 골고루 섞은 다음 30분~1시간 정도 절인 후 물기를 완전히 빼주세요.

tip 절인 무가 짜다면 물에 한 번 헹궈서 짠맛을 조금 빼줍니다.

3. 대파를 0.3cm 두께로 송송 썰어주세요.

4. 절인 무에 고춧가루 3숟가락, 설탕 1숟가락, 다진 마늘 1숟가락, 멸치액젓 2숟가락을 넣고 골고루 버무려주세요.

tip 멸치액젓 대신 새우젓을 넣으면 더욱 시원한 맛이 납니다.

5. 송송 썬 대파를 넣고 살살 버무려서 마무리합니다.

tip 밀폐용기에 담아서 하루 정도 실온에 두고 살짝 익으면 냉장 보관합니다.

욜로리아 한마디

무를 작게 썰면 절이는 시간이 단축되고 빨리 익어요. 신 깍두기를 좋아한다면 작게 썰어주세요. 무를 크게 썰면 씹는 맛이 좋고 익는 시간이 오래 걸려 보관 기간이 더 길어집니다.

오이고추된장무침

달달한 된장 소스와 오이고추의 시원한 맛

주재료

오이고추 1봉(5~6개)

기본재료

- 된장 1.5숟가락
- 다진 마늘 0.5숟가락
- 참기름 2숟가락
- 올리고당 2숟가락
- 깨 1숟가락

1. 오이고추는 1.5~2cm 크기로 먹기 좋게 썰어주세요.

2. 된장 1.5숟가락, 다진 마늘 0.5숟가락, 참기름 2숟가락, 올리고당 2숟가락, 깨 1숟가락을 섞어서 양념장을 만들어주세요.

tip 짭짤하게 먹고 싶다면 된장을 조금 더 넣어서 간을 맞춥니다.

3. 오이고추에 양념장을 넣어 골고루 섞어주세요.

4. 밀폐용기에 담아 보관합니다.

매운어묵볶음

어른들이 좋아하는 단짠 매콤한 맛

주재료

사각어묵 1봉(8장)

기본재료

- □ 양파 ½개
- □ 대파 ½대
- □ 다진 마늘 ½숟가락
- □ 진간장 2숟가락
- □ 고춧가루 1~2숟가락
- □ 올리고당(또는 물엿) 2숟가락
- □ 식용유 2숟가락

1. 어묵은 끓는 물에 한 번 데쳐서 기름기를 제거한 다음 가늘게 채를 썰어주세요.

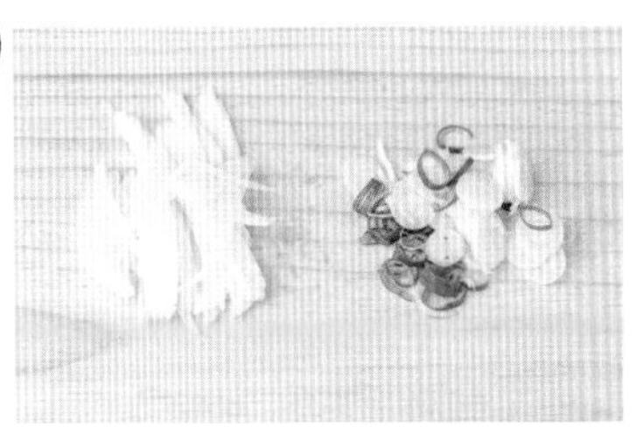

2. 양파는 가늘게 채를 썰고, 대파는 동글동글하게 송송 썰어주세요.

3. 프라이팬에 식용유 2숟가락을 두르고, 채 썬 양파, 다진 마늘 ½숟가락을 넣고 1분 정도 볶아주세요.

4. 중불로 낮춰 어묵을 넣고 볶아주세요.

5. 볶은 어묵에 진간장 2숟가락, 고춧가루 1~2숟가락을 넣고 한 번 더 볶아주세요.

tip 물 2숟가락을 넣으면 어묵이 타지 않게 볶을 수 있습니다.

6. 송송 썬 대파를 넣고 살짝 볶은 다음 불을 끄고 마지막에 올리고당(또는 물엿) 2숟가락을 넣어 버무려주세요.

tip 올리고당이 없다면 5의 과정에서 설탕 1~2숟가락을 넣어줍니다.

오이무침

새콤 매콤 식욕을 돋우는 맛

주재료

오이 3개

기본재료

- 고춧가루 2숟가락
- 고추장 1숟가락
- 다진 마늘 ½숟가락
- 2배 식초 2숟가락
- 올리고당 2숟가락
- 소금 1숟가락
- 깨 1숟가락

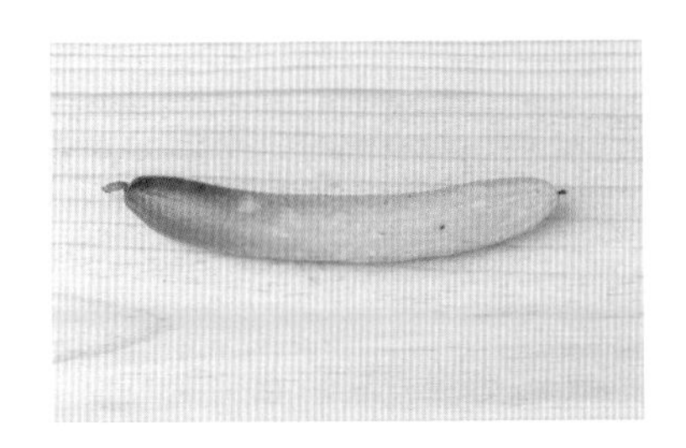

1. 오이는 소금으로 문지르거나 칼로 긁어서 가시를 제거하고 씻어주세요.

2. 오이를 길게 반으로 자른 다음 0.5cm 두께로 어슷썰기를 해주세요.

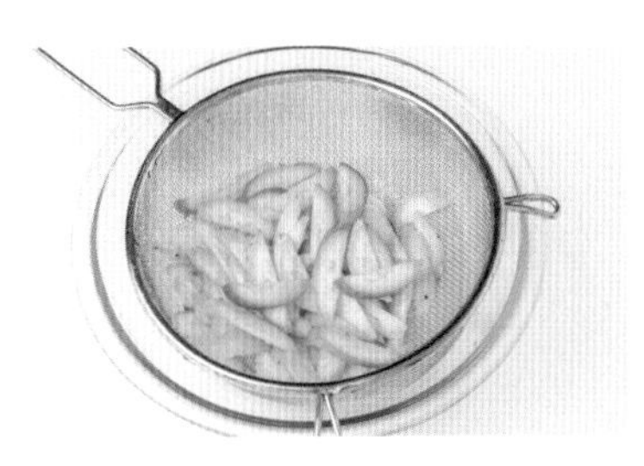

3. 오이에 소금 1숟가락을 넣고 10~15분 정도 절인 다음 물기를 완전히 빼주세요.

tip 손으로 물기를 짜면 더 아삭한 식감이 유지됩니다.

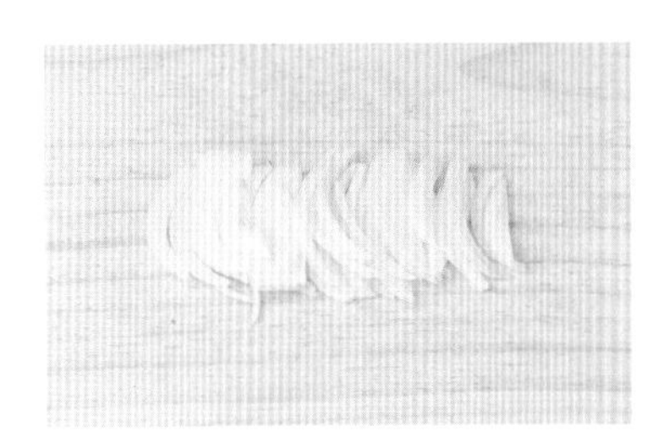

4. 양파를 반으로 자른 다음 가늘게 채를 썰어주세요.

5. 오이와 양파에 고춧가루 2숟가락, 고추장 1숟가락, 다진 마늘 ½숟가락, 2배 식초 2숟가락, 올리고당 2숟가락을 넣고 골고루 무쳐주세요.

6. 기호에 따라 마지막에 깨 1숟가락을 넣고 살짝 버무립니다.

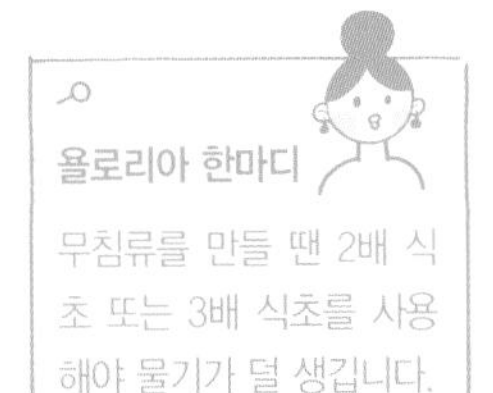

욜로리아 한마디

무침류를 만들 땐 2배 식초 또는 3배 식초를 사용해야 물기가 덜 생깁니다.

Part 2.

날씨가 더워질수록 떨어지는 기력을 보충해줄 음식이 필요합니다. 닭고기와 돼지고기로 만드는 보양 음식뿐 아니라 가지, 오이, 브로콜리, 열무 등 여러 가지 채소를 사용해 시원한 여름의 맛을 느껴보세요.

Summer First week

● 여름 1주 장보기

요리명	장보기	수량	가격	기본재료
돼지고기고추장볶음	돼지고기 (앞다리살 또는 뒷다리살)	300g	2,400	양파, 대파, 진간장, 고추장, 설탕, 식용유, 다진 마늘, 깨
돼지고기깍둑장조림	돼지고기(앞다리살 또는 뒷 다리살 또는 안심)	300g	2,400	양파, 대파, 꽈리고추, 진간장, 마늘, 물엿
꽈리고추찜	꽈리고추	1봉(20개)	1,000	밀가루, 대파, 다진 마늘, 진간장, 올리고당, 참기름, 깨, 고춧가루
감자조림	감자	3개	2,180(1kg)	양파, 물엿, 진간장, 연두
가지장아찌	가지	2개	1,280	양파, 청고추, 홍고추, 진간장, 양조식초, 설탕
			9,260	

● 여름 1주 재료 소개

돼지고기 앞다리살

앞다리살은 불고기, 찌개, 수육(보쌈), 장조림 등에 사용되며 살코기 부분이 핑크빛이 돌면서 기름지고 윤기 있는 것, 지방의 색이 희고 견고한 것이 신선한 돼지고기예요.

돼지고기 뒷다리살

뒷다리살은 기름기가 적어 튀김(탕수육), 불고기, 장조림 등에 사용됩니다. 저지방, 저칼로리 고단백 부위로 살코기 부분이 연한 핑크빛이 도는 것이 좋아요.

꽈리고추

항산화 작용에 좋은 꽈리고추는 만졌을 때 단단하고 선명한 연녹색에 쭈글쭈글한 굴곡이 많은 것이 좋아요.

감자

표면이 둥글며 흠집이 없고 만져봤을 때 단단한 감자가 싱싱합니다. 초록빛이 도는 것이나 싹이 난 것은 피해주세요.

가지

짙은 보라색이 나고 들어보았을 때 묵직하고 단단한 가지가 신선합니다. 모양이 굽었거나 표면에 광택이 없는 것은 피해주세요.

돼지고기고추장볶음

단짠 매콤함이 어우러진 맛

주재료

돼지고기(앞다리살 또는 뒷다리살) 300g
* 제육볶음용으로 준비합니다

기본재료

- □ 양파 ½개
- □ 대파 ½대
- □ 진간장 2숟가락
- □ 고추장 1숟가락
- □ 다진 마늘 1숟가락
- □ 설탕 1숟가락
- □ 깨 1숟가락
- □ 식용유 2숟가락 (또는 물 50ml)

1. 양파는 0.5~1cm 두께로 채를 썰고, 대파는 0.5~1cm 두께로 송송 썰어주세요.

2. 돼지고기에 진간장 2숟가락, 고추장 1숟가락, 다진 마늘 1숟가락, 설탕 1숟가락을 넣고 채 썬 양파를 함께 섞어 버무려주세요.

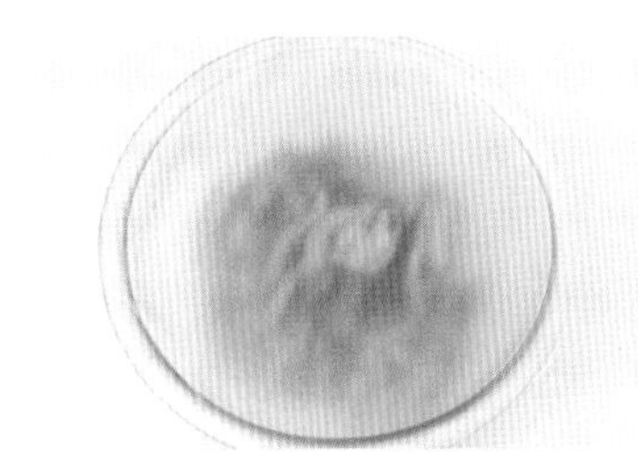

3. 양념한 고기를 30분 정도 재워두세요.

4. 프라이팬에 재운 고기를 올리고 식용유 2숟가락(또는 물 50ml)를 넣고 익혀주세요.

tip 돼지 뒷다리살은 기름기가 적어서 탈 수 있으니 식용유 또는 물을 넣고 볶아줍니다.

5. 고기 겉면이 익으면 타지 않게 골고루 섞으면서 볶아주세요.

6. 고기가 다 익으면 송송 썬 대파를 넣고 중불에 약 1분 정도 더 볶아주세요.

돼지고기깍둑장조림

맵지 않아 아이들도 좋아하는 밥도둑

20~30분

7일

주재료

돼지고기(앞다리살 또는 뒷다리살 또는 안심) 300g
*장조림용으로 덩어리째 준비합니다

기본재료

- □ 양파 1개
- □ 대파 ½대
- □ 꽈리고추 8개
- □ 물 200ml
- □ 진간장 50ml
- □ 마늘 2개
- □ 물엿 3숟가락

1. 돼지고기는 2.5~3cm 크기로 깍둑썰기를 해주세요.

2. 돼지고기는 뜨거운 물에 살짝 익혀 건져주세요.

tip 고기 겉면을 미리 익히면 코팅 효과가 있어서 장조림을 만들 때 육즙이 덜 빠집니다.

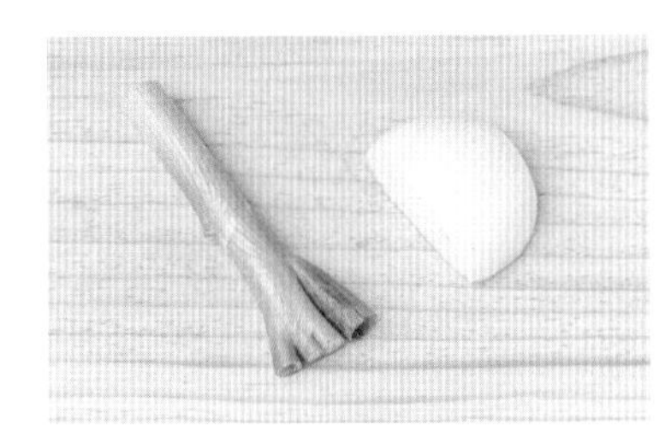

3. 대파와 양파는 반으로 썰어주세요.

4. 꽈리고추는 꼭지를 떼고 양념이 잘 스며들도록 포크로 구멍을 내주세요.

5. 냄비에 물 200ml, 진간장 50ml, 마늘 2개, 물엿 3숟가락을 풀고, 대파, 양파, 돼지고기를 넣고 끓이다가 양념이 끓으면 약불로 줄이고 10~15분 정도 자작하게 졸여주세요.

6. 꽈리고추를 넣고 30초 정도 더 끓여주세요.

tip 꽈리고추는 오래 삶으면 까맣게 변하니 처음부터 넣지 않고 마지막에 살짝만 익힙니다.

욜로리아 한마디

돼지고기 장조림은 앞다리살 또는 뒷다리살, 안심을 사용하면 됩니다. 씹는 맛을 원한다면 앞다리살이나 뒷다리살을, 부드러운 맛을 원한다면 안심을 골라주세요.

매콤하고 짭짤한 맛에 참기름을 더해 고소한 맛

15분

3~4일

주재료

꽈리고추 1봉(20개 정도)

기본재료

- □ 밀가루 3숟가락
- □ 대파 ½대
- □ 진간장 4숟가락
- □ 올리고당 3숟가락
- □ 고춧가루 ½숟가락
- □ 다진 마늘 ½숟가락
- □ 참기름 ½숟가락
- □ 깨 1숟가락

1. 꽈리고추는 꼭지를 떼고 깨끗이 씻은 다음 양념이 잘 스며들도록 포크로 찍어서 구멍을 내주세요.

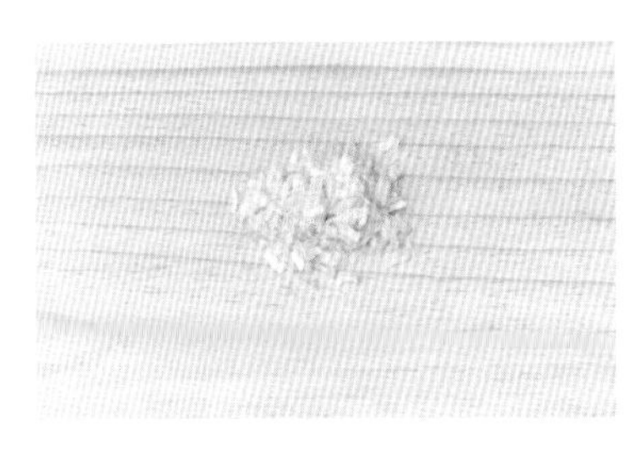

2. 대파는 세로로 4등분한 후 잘게 다져주세요.

3. 다진 대파, 진간장 4숟가락, 올리고당 3숟가락, 고춧가루 ½숟가락, 다진 마늘 ½숟가락, 참기름 ½숟가락을 넣고 잘 섞어주세요.

4. 꽈리고추에 밀가루를 골고루 묻혀주세요.

tip 넉넉한 통에 밀가루와 꽈리고추를 넣고 뚜껑을 덮어서 흔들면 편하게 묻힐 수 있습니다.

5. 찜기의 물이 끓으면 밀가루를 묻힌 꽈리고추를 올리고 5분간 쪄주세요.

6. 꽈리고추를 꺼내 한 김 식힌 다음 준비한 양념을 넣고 골고루 섞은 후 마지막에 깨 1숟가락을 뿌려주세요.

감자조림
어른도 아이들도 좋아하는 단짠의 조화
20분
4~5일

주재료

감자 3개

기본재료

- 양파 1개
- 진간장 3숟가락
- 물엿 3숟가락
- 연두(요리에센스) ½숟가락
- 물 150ml

1. 감자와 양파는 2cm 크기로 깍둑썰기를 해주세요.

2. 냄비에 감자를 넣고 반쯤 잠길 정도로 물 150ml를 부어주세요.

3. 양파, 진간장 3숟가락, 물엿 3숟가락, 연두 ½숟가락을 넣고 끓여주세요.

tip 물엿이 들어가면 양념이 빨리 졸여집니다.

4. 젓가락으로 감자를 찔러보고 쏙 들어갈 정도로 익힌 후 국물을 졸입니다.

가지장아찌

쫀득한 식감이 매력적인 맛

주재료

가지 2개

기본재료

- ㅁ 양파 1개
- ㅁ 청고추 1개
- ㅁ 홍고추 1개
- ㅁ 진간장 100ml
- ㅁ 양조식초 100ml
- ㅁ 설탕 50ml
- ㅁ 물 100ml

1. 가지는 꼭지를 잘라내고 가로로 4등분한 다음 세로로 6등분을 해주고 양파는 가로세로 2cm 크기로 깍둑썰기를 해주세요.

2. 청고추와 홍고추는 1cm 두께로 송송 썰어주세요.

3. 프라이팬에 기름을 두르지 않고 가지를 볶아 수분을 날려서 쫀득하게 해주세요.

4. 냄비에 물 100ml, 진간장 100ml, 양조식초 100ml, 설탕 50ml를 넣고 끓여서 간장 양념을 만들어주세요.

5. 밀폐용기에 볶은 가지, 양파, 청고추, 홍고추를 담고 뜨거운 간장 양념을 부어주세요.

tip 한 김 식힌 후 냉장고에 하루 정도 두었다가 먹는 것이 좋습니다.

Summer Second week

● 여름 2주 장보기

요리명	장보기	수량	가격	기본재료
오징어볶음	오징어	2마리	7,000	양파, 대파, 고추장, 고춧가루, 다진 마늘, 설탕, 올리고당, 진간장
애호박월과채	애호박	1개	1,000	소금, 밀가루, 홍고추(아삭이고추, 파프리카로 대체 가능), 간장, 설탕, 참기름
두부동그랑땡	두부	1모	1,000	오징어, 애호박, 대파, 부침가루, 소금, 후춧가루
브로콜리볶음	브로콜리	½개	900(1개)	다진 마늘, 식초, 소금, 깨, 들기름 초고추장 - 고추장, 다진 마늘, 식초, 설탕(또는 매실액)
브로콜리두부샐러드	브로콜리	½개	–	들기름, 다진 마늘, 소금, 검은깨(깨)
	두부	½모	1,000(1모)	
			10,900	

● 여름 2주 재료 소개

오징어

몸통이 초콜릿색으로 반짝이면 신선한 오징어예요. 눈이 이상하고 몸통이 붉은빛을 띠는 오징어는 절대 사지 마세요.

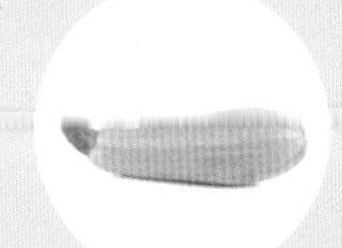

애호박

손으로 눌렀을 때 탄력이 없는 것은 싱싱한 애호박이 아니에요. 비닐팩에 담아 습기 없고 서늘한 곳에 보관하는 것이 좋습니다.

두부

식물성 단백질을 섭취할 수 있는 건강한 식자재 두부는 어디서나 쉽게 구할 수 있어요. 유통기한이 길게 남은 것을 골라 주세요.

브로콜리

비타민이 풍부한 브로콜리는 진한 초록색을 띠며 단단하고 봉오리가 벌어지지 않은 것이 좋아요.

오징어볶음

쫄깃쫄깃 매콤달콤한 어른 입맛

주재료

오징어 2마리

기본재료

- □ 양파 1개
- □ 대파 ½대
- □ 고춧가루 3숟가락
- □ 고추장 1숟가락
- □ 설탕 2숟가락
- □ 진간장 7숟가락
- □ 다진 마늘 1숟가락
- □ 올리고당 1숟가락

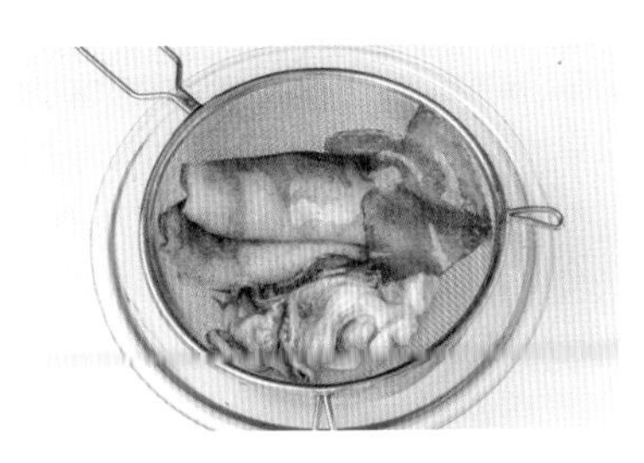

1. 오징어는 배를 가르고 내장을 제거한 다음 깨끗이 씻어주세요.

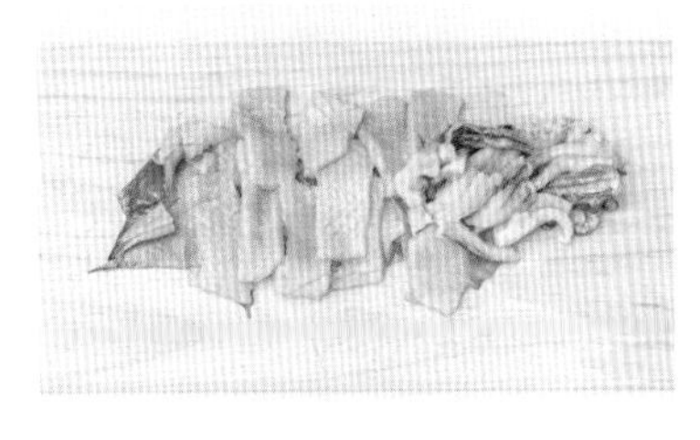

2. 오징어 몸통을 길게 4등분한 다음 1.5~2cm 두께로 잘라주세요.

3. 양파는 절반을 잘라 적당한 두께로 채를 썰고, 대파는 동그랗게 송송 썰어주세요.

4. 고춧가루 3숟가락, 고추장 1숟가락, 진간장 7숟가락, 설탕 2숟가락, 다진 마늘 1숟가락을 섞어 양념장을 만들어주세요.

5. 냄비에 오징어와 양파, 대파를 넣고 양념장을 부어서 한 번 버무린 다음 뚜껑을 덮고 익혀주세요. 오징어가 익으면 뚜껑을 열고 한 번 볶아주세요.

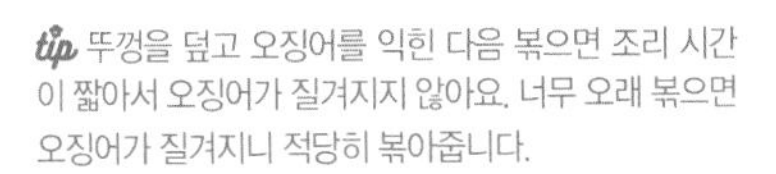

tip 뚜껑을 덮고 오징어를 익힌 다음 볶으면 조리 시간이 짧아서 오징어가 질겨지지 않아요. 너무 오래 볶으면 오징어가 질겨지니 적당히 볶아줍니다.

6. 불을 끄고 올리고당 1숟가락을 넣은 다음 살짝 섞어줍니다.

욜로리아 한마디

시간 여유가 된다면 오징어에 칼집을 내주세요. 양념이 잘 스며들어 맛이 더 좋아집니다.

애호박월과채

고소한 맛이 일품인 사찰음식

10분

3일

주재료

애호박 1개

기본재료

- □ 소금 ½숟가락
- □ 밀가루 1숟가락
- □ 물 3숟가락
- □ 홍고추 2개(아삭이고추 또는 파프리카로 대체 가능)
- □ 간장 1숟가락
- □ 설탕 ½숟가락
- □ 참기름 1숟가락

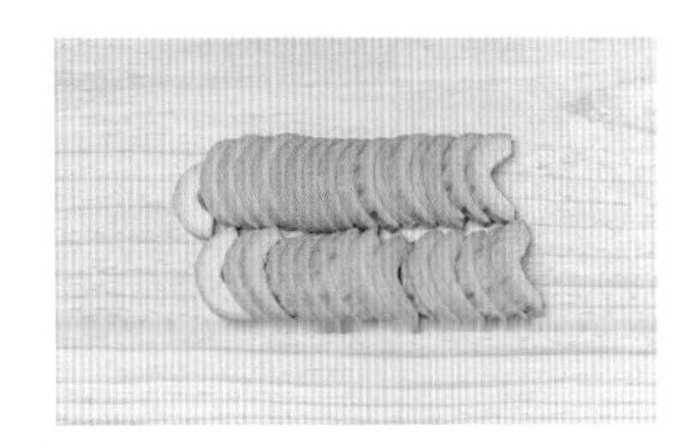

1. 애호박을 길게 반으로 자른 다음 속을 파낸 후 3mm 두께로 반달썰기를 해주세요.

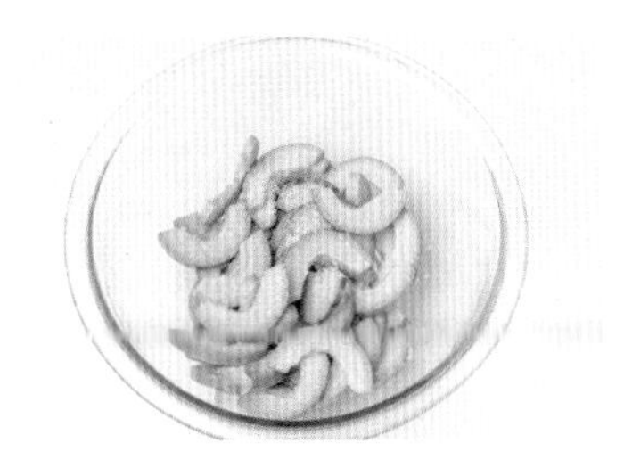

2. 준비된 애호박에 소금 ½숟가락을 뿌리고 골고루 섞은 다음 숨이 죽을 때까지 절여주세요.

3. 밀가루 1숟가락에 물 3숟가락을 넣고 반죽을 만들어 동그랗게 밀전병을 부쳐주세요.

4. 홍고추는 반으로 잘라 씨를 빼고 길게 채를 썰어주세요.

tip 홍고추가 없다면 아삭이고추, 파프리카, 피망 등으로 대체 가능합니다. 집에 있는 재료를 사용하세요.

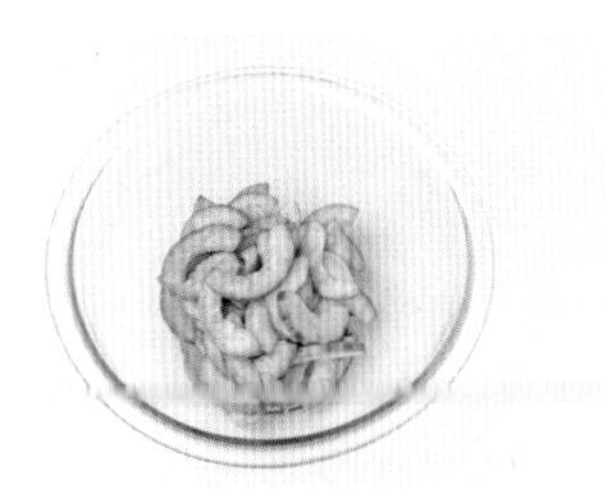

5. 절인 애호박은 물기를 꽉 짜주세요.

6. 프라이팬에 애호박과 홍고추를 올려 간장 1숟가락, 설탕 ½숟가락, 참기름 1숟가락을 넣고 볶아줍니다. 부쳐놓은 밀전병에 싸서 먹거나 같이 섞어 먹으면 특별한 애호박 요리가 됩니다.

두부동그랑땡
부드럽고 포만감이 느껴지는 맛
20분
3일

주재료

두부 1모(부침용)

기본재료

- 오징어(오징어볶음 사용 후 남은 것)
- 애호박(애호박월과채 사용 후 남은 것)
- 대파 ¼대
- 부침가루 3숟가락
- 소금 ½숟가락
- 후춧가루 조금

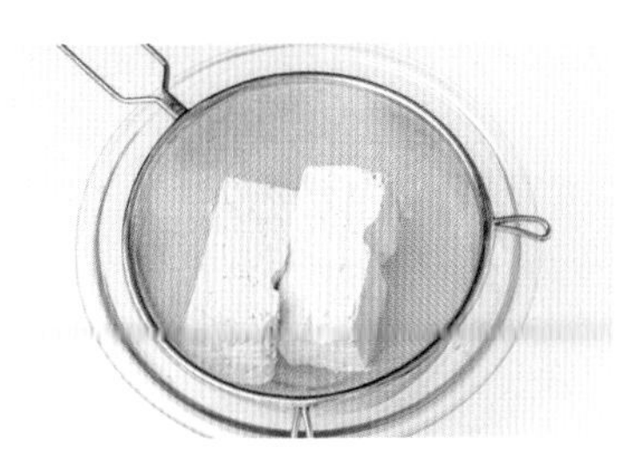

1. 두부는 물기를 빼서 으깨주세요.

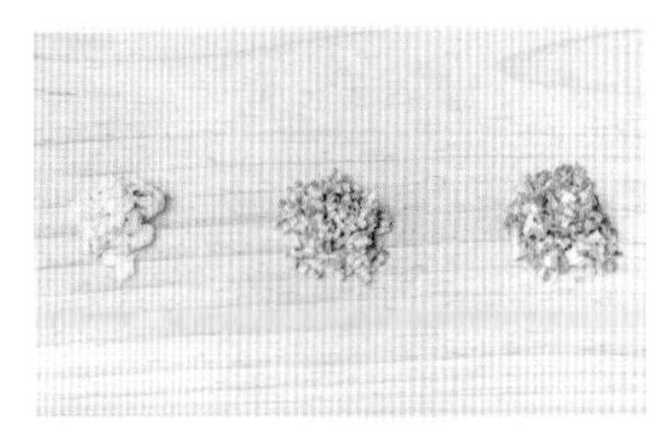

2. 오징어, 애호박, 대파를 잘게 다져서 준비해 주세요.

tip 오징어와 애호박은 오징어볶음과 애호박월과채에 사용한 재료를 조금씩 남겨서 사용했어요.

3. 으깬 두부에 다진 오징어, 애호박, 대파를 넣고 소금 ½숟가락, 후춧가루 조금, 부침가루 3숟가락을 섞어주세요.

4. 식용유를 넉넉하게 두른 후 동그랗게 뭉쳐 앞뒤로 부칩니다.

tip 초간장을 찍어 먹으면 술안주로도 좋아요.

욜로리아 한마디

두부의 물기를 빼는 법
1) 채반에 올려두기
2) 키친타월로 닦아내기
3) 소금물에 데친 후 키친타월로 닦아내기.
각자 편한 방법을 선택합니다. 두부의 모양을 유지해야 하는 요리라면 3번 방법이 가장 좋습니다.

브로콜리볶음

초장의 새콤한 맛과 브로콜리의 담백한 맛

주재료

브로콜리 ½개

기본재료

- 들기름 2숟가락
- 다진 마늘 ½숟가락
- 소금 ½+¼숟가락
- 깨 1숟가락
- 식초 1숟가락(세척용)

초고추장 재료

- 고추장 3숟가락
- 다진 마늘 ⅓숟가락
- 식초 1숟가락
- 설탕(또는 매실액) 1숟가락

1. 브로콜리 송이와 줄기는 한입 크기로 잘라 식초 1숟가락을 섞은 물에 5분 정도 담갔다가 흐르는 물에 씻어주세요.

2. 끓는 물에 소금 ½숟가락을 넣고 브로콜리를 2분 정도 데쳐주세요.

3. 데친 브로콜리를 찬물에 헹구고 물기를 빼주세요.

4. 고추장 3숟가락, 다진 마늘 ⅓숟가락, 식초 1숟가락, 설탕(또는 매실액) 1숟가락을 섞어 초고추장을 만들어주세요.

5. 프라이팬에 들기름 2숟가락을 두르고 다진 마늘 ½숟가락, 데친 브로콜리를 넣어 30초 정도 볶아주세요.

6. 소금 ¼숟가락을 넣고 한 번 더 볶은 다음 불을 끄고 깨 1숟가락을 뿌려주세요.

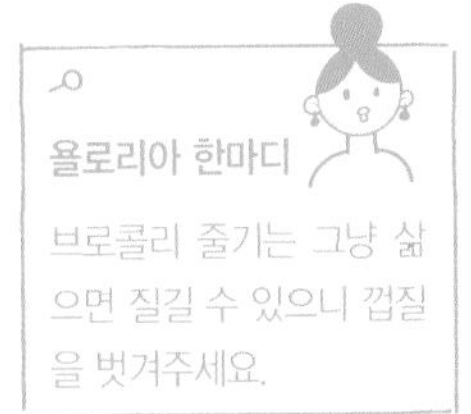

브로콜리두부샐러드

두부의 고소한 맛과 브로콜리의 식감이 어우러진 맛

15분

3일

주재료

브로콜리 ½개

두부 ½모

기본재료

- □ 들기름 1숟가락
- □ 다진 마늘 ⅓숟가락
- □ 소금 1+¼숟가락
- □ 검은깨(또는 깨) 1숟가락

1. 끓는 물에 소금 ½숟가락을 넣고 두부를 2분 정도 데친 다음 식혀주세요.

tip 두부를 소금물에 데치면 수분이 빠져서 단단해집니다.

2. 브로콜리는 줄기의 껍질을 벗겨내고 한입 크기로 잘라 끓는 물에 소금 ½숟가락을 넣고 2분 정도 데쳐서 물기를 빼주세요.

3. 물기를 뺀 두부를 으깬 후 들기름 1숟가락, 다진 마늘 ⅓숟가락, 소금 ¼숟가락을 넣고 골고루 섞어주세요.

4. 양념한 두부에 삶은 브로콜리를 넣고 가볍게 섞어주세요.

5. 마지막으로 검은깨 1숟가락을 뿌립니다.

욜로리아 한마디

p.92의 브로콜리볶음에 사용하고 남은 브로콜리 절반을 사용합니다.

Summer

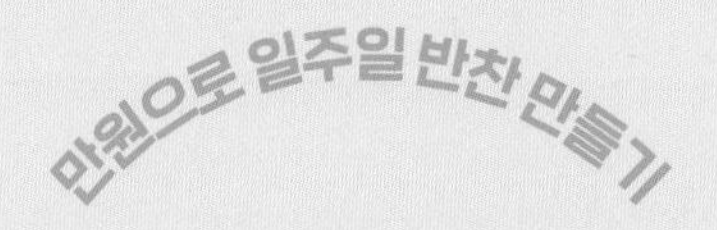

Summer Third week

● 여름 3주 장보기

요리명	장보기	수량	가격	기본재료
감자오이냉채	감자	2개	3,990(1kg)	연겨자, 식초, 설탕, 소금
	오이	½개	–	
매운감자조림	감자	4개	–	대파, 양파, 진간장, 설탕, 고춧가루, 다진 마늘, 올리고당(또는 물엿)
메추리알장조림	메추리알	40개	3,580	양파, 대파, 진간장, 물엿(또는 설탕), 다진 마늘, 소금, 청양고추
깻잎지	깻잎	1봉	980	대파, 청양고추, 진간장, 다진 마늘, 고춧가루, 올리고당
오이냉국	오이	1개	1,480(3개)	마른 미역, 양파, 청양고추, 식초, 설탕, 다진 마늘, 소금
			10,030	

● 여름 3주 재료 소개

감자

표면이 둥글며 흠집이 없고 만져봤을 때 단단한 감자가 싱싱합니다. 감자는 소화가 잘되고 변비 해소에 효과가 있습니다.

메추리알

들어보았을 때 묵직하면서 껍질이 거친 것이 신선한 메추리알이에요. 껍질 까기가 번거로울 때는 까서 파는 메추리알을 사용해도 좋아요.

깻잎

철분 함량이 높은 깻잎은 짙은 녹색을 띠는 것이 좋으며, 검은색 반점이 있는 것은 피해주세요. 향이 강하고 잎의 잔털이 많아 표면이 까칠까칠한 것이 신선한 깻잎이에요.

오이

무기질과 비타민C가 많이 들어있는 오이는 사시사철 구할 수 있는 재료입니다. 너무 굵지 않고 선명한 초록빛이 도는 오이가 신선합니다.

감자오이냉채

새콤달콤 톡 쏘는 시원하고 아삭한 맛

15분

5일

주재료
감자 2개
오이 ½개

기본재료
- □ 연겨자 1숟가락
- □ 식초 3숟가락
- □ 설탕 2숟가락
- □ 소금 ½+¼숟가락

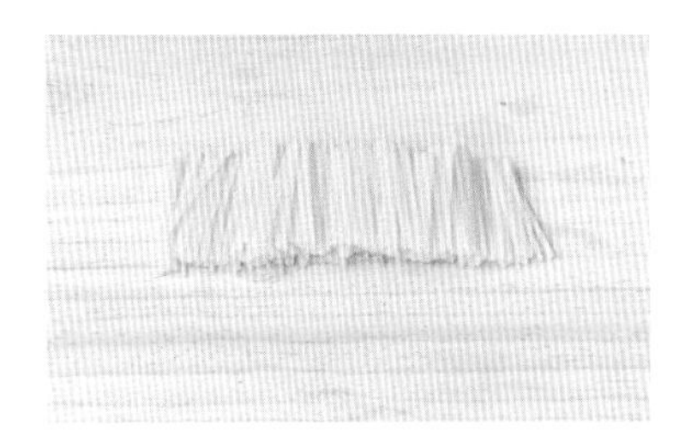

1. 감자는 껍질을 벗기고 최대한 가늘게 채를 썰어주세요.

tip 칼로 채를 썰기 어렵다면 채칼을 이용합니다.

2. 오이는 깨끗이 씻고 가시를 제거한 다음 5cm 길이로 잘라서 돌려가며 깎아 채를 썰어주세요.

tip 오이 껍질을 굵은소금으로 문지르거나 칼을 직각으로 세워 긁으면 가시가 제거됩니다.

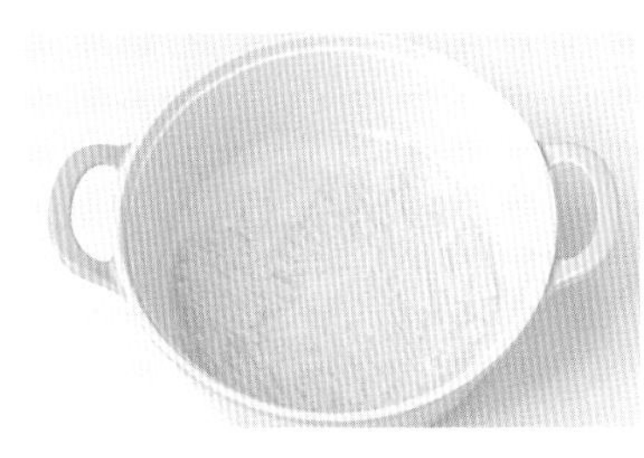

3. 끓는 물에 채 썬 감자를 넣고 1분간 데친 후 찬물에 헹궈 물기를 빼주세요.

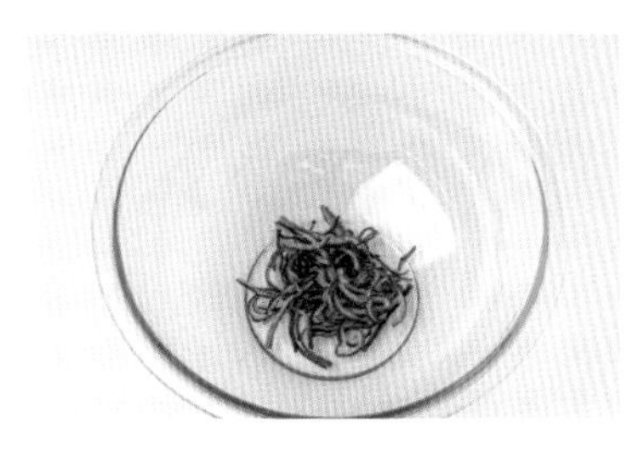

4. 채 썬 오이는 소금 ½숟가락을 넣고 버무려서 10분간 절인 후 물기를 꽉 짜주세요.

5. 연겨자 1숟가락, 식초 3숟가락, 설탕 2숟가락, 소금 ¼숟가락을 섞어서 겨자 소스를 만들어주세요.

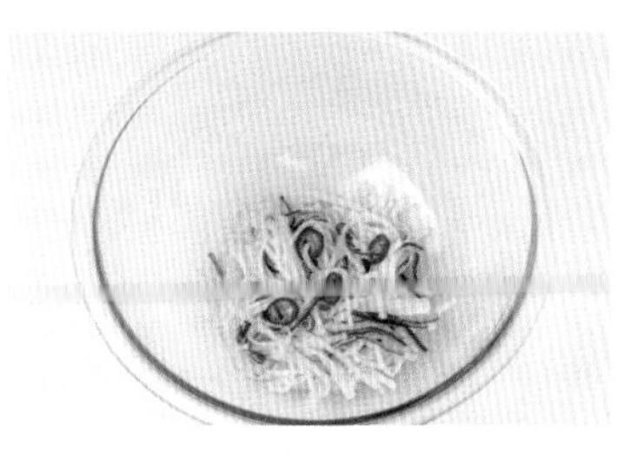

6. 볼에 감자, 오이를 넣고 겨자 소스를 조금씩 나눠서 뿌려가며 버무려주세요.

tip 겨자 소스를 한꺼번에 모두 넣지 말고 나눠서 넣어가며 간을 맞춰주세요.

매운감자조림

부드러운 감자의 매콤 달콤한 맛

20분

7일

주재료

감자 4개

기본재료

- □ 양파 ½개
- □ 대파 ½대
- □ 진간장 4숟가락
- □ 설탕 1숟가락
- □ 다진 마늘 ⅓숟가락
- □ 고춧가루 1숟가락
- □ 올리고당(또는 물엿) 1숟가락

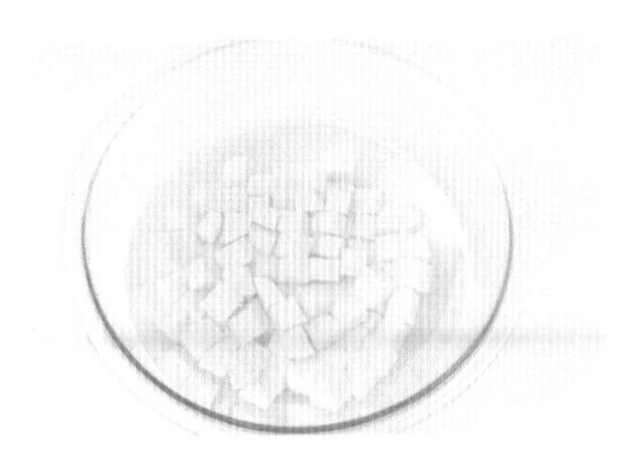

1. 감자는 가로세로 2cm 크기로 깍둑썰기를 한 후 찬물에 담가 전분을 빼주세요.

tip 감자를 찬물에 담가 전분을 빼면 조림을 할 때 모양이 잘 부서지지 않아요.

2. 양파는 5mm 굵기로 채를 썰고, 대파는 송송 썰어주세요.

3. 냄비에 감자를 넣고 살짝 잠길 정도로 물을 부어서 삶아주세요.

4. 물이 끓으면 채 썬 양파, 진간장 4숟가락, 설탕 1숟가락, 다진 마늘 ⅓숟가락을 넣고 5분 정도 조려주세요.

5. 양념이 졸아들면 약불로 낮추고 고춧가루 1숟가락을 넣고 섞어주세요.

6. 마지막으로 대파와 올리고당(또는 물엿) 1숟가락을 넣고 5분 정도 더 조려주세요.

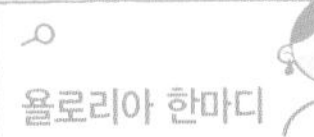

욜로리아 한마디

감자는 깍둑썰기, 납작썰기 등 취향대로 썰어도 상관없습니다.
감자를 크게 썰 경우 모서리를 둥글게 깎아주면 부스러지지 않아 보기에도 좋고 조림 국물도 깔끔합니다.

메추리알장조림

짭짤하고 달콤해서 도시락 반찬으로 그만

30분

7일

주재료
메추리알 40개

기본재료
- □ 양파 ½개
- □ 대파 ½대
- □ 소금 ½숟가락
- □ 진간장 6숟가락
- □ 물엿 2숟가락 (또는 설탕 3숟가락)
- □ 다진 마늘 ½숟가락
- □ 물 300ml
- □ 청양고추 1~2개(선택)

1. 메추리알이 잠길 정도로 물을 붓고 소금 ½숟가락을 넣어 삶아주세요. 물이 끓기 시작하면 3분간 더 삶아줍니다.

2. 삶은 메추리알을 찬물에 담가 완전히 식힌 후 껍질을 까주세요.

tip 위생팩에 한꺼번에 넣고 문지르거나 하나씩 살짝 눌러서 굴리면 껍질이 쉽게 벗겨집니다.

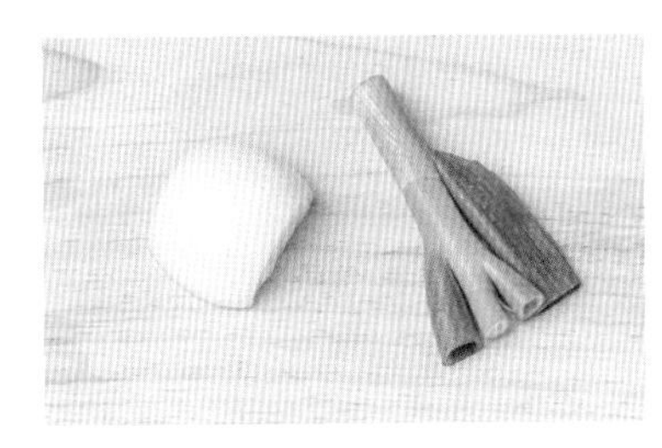

3. 양파는 통째로 준비하고 대파는 지저분한 부분을 제거해주세요.

4. 냄비에 물 300ml를 붓고 양파, 대파, 메추리알을 넣고 진간장 6숟가락, 물엿 2숟가락, 다진 마늘 ½숟가락을 넣고 끓여주세요.

5. 양념장이 끓기 시작하면 중불로 낮추고 10~15분 정도 조려주세요.

tip 청양고추 1~2개를 넣고 끓이면 칼칼한 맛이 더해져 더욱 맛있습니다.

6. 양파와 대파는 건져내서 버리고 메추리알과 양념장만 밀폐용기에 담아주세요.

깻잎지

향긋한 깻잎이 짭쪼름한 밥도둑

15분

7일

주재료

깻잎 1봉

기본재료

- □ 대파(흰 부분) ¼대
- □ 청양고추 1개
- □ 진간장 6숟가락
- □ 다진 마늘 ¼숟가락
- □ 고춧가루 ½숟가락
- □ 올리고당 1숟가락
- □ 물 80ml

1. 깻잎은 1장씩 깨끗이 씻어서 물기를 최대한 털어주세요.

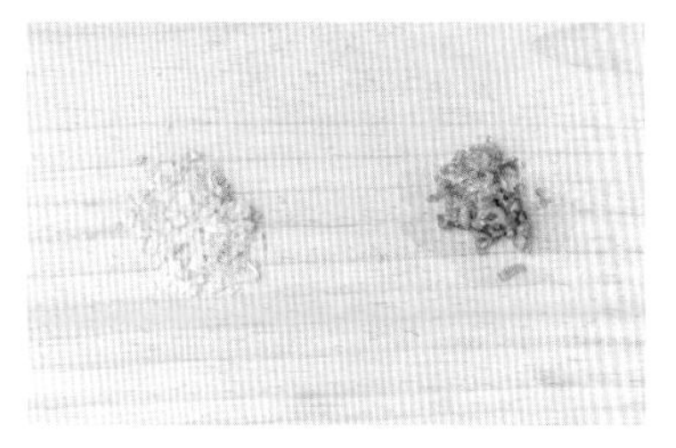

2. 대파와 청양고추는 잘게 다져주세요.

3. 물 80ml에 진간장 6숟가락, 다진 마늘 ⅓숟가락, 고춧가루 ½숟가락, 올리고당 1숟가락, 다진 대파와 청양고추를 섞어서 양념장을 만들어 주세요.

4. 밀폐용기 바닥에 양념장 2숟가락을 끼얹은 다음, 깻잎 3장을 올리고 양념장 2숟가락을 끼얹어주세요. 이 과정을 반복해서 깻잎을 켜켜이 쌓아주세요.

tip 1시간 정도 숙성하면 맛있는 깻잎지가 됩니다.

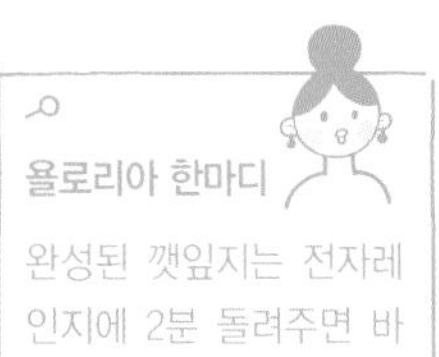

욜로리아 한마디

완성된 깻잎지는 전자레인지에 2분 돌려주면 바로 맛있게 먹을 수 있는 깻잎찜이 됩니다.

오이냉국

새콤하고 시원해서 여름 더위를 이기는 맛

주재료

오이 1개

기본재료

- □ 마른 미역 1줌
- □ 양파 ¼개
- □ 청양고추 1개
- □ 생수(또는 끓여서 식힌 물) 600ml
- □ 소금 깎아서 1숟가락
- □ 설탕 깎아서 4숟가락
- □ 식초 8숟가락
- □ 다진 마늘 ¼숟가락

1. 마른 미역을 물에 불려주세요.

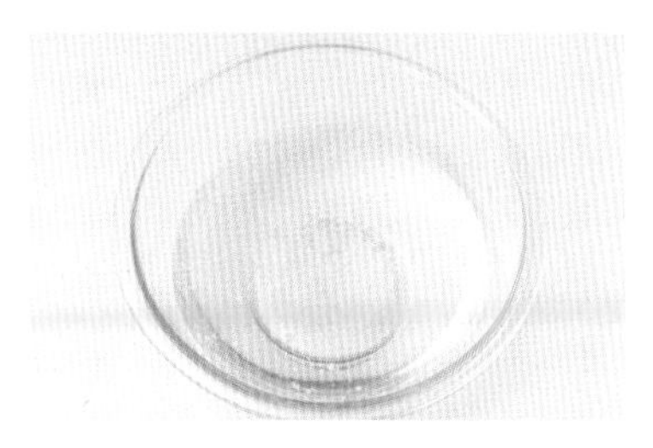

2. 생수(또는 끓여서 식힌 물) 600ml에 소금 깎아서 1숟가락, 설탕 깎아서 4숟가락, 식초 8숟가락, 다진 마늘 ¼숟가락을 섞어서 냉국을 만들어주세요.

tip 냉동실에 차갑게 보관하면 더욱 시원하게 먹을 수 있습니다.

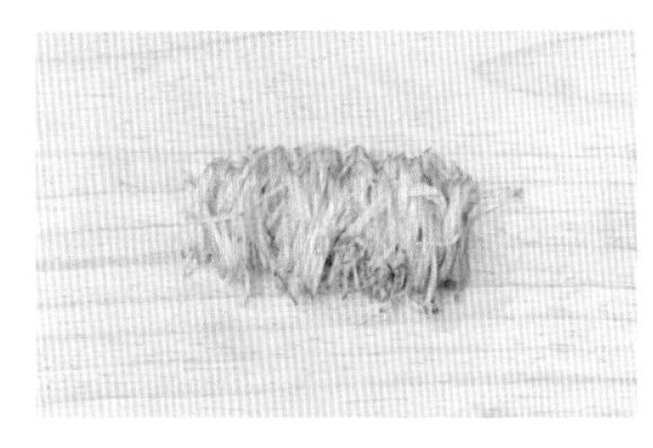

3. 오이는 깨끗이 씻어서 껍질에 붙은 가시를 제거하고 얇게 어슷썰기를 한 후 가늘게 채를 썰어주세요.

tip 오이 껍질을 굵은소금으로 문지르거나 칼을 직각으로 세워서 긁으면 가시가 제거됩니다.

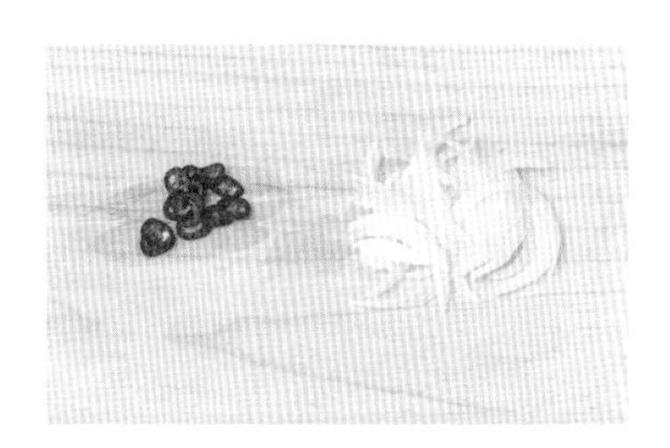

4. 양파는 가늘게 채를 썰고, 청양고추는 송송 썰어주세요.

5. 불린 미역은 물에 헹구고 끓는 물에 15~20초 데친 다음 찬물에 헹궈 물기를 최대한 꽉 짜주세요.

6. 차가운 냉국에 오이, 미역, 양파, 청양고추를 넣고 섞어주세요.

tip 먹을 만큼만 덜어서 얼음을 띄우면 더욱 시원합니다.

욜로리아 한마디

집에 남은 미역이 있다면 사용하고 미역을 생략해도 상관없어요.

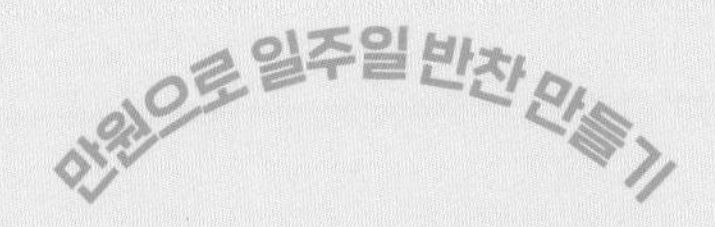

Summer Fourth week

● 여름 4주 장보기

요리명	장보기	수량	가격	기본재료
닭백숙	닭	1마리(800g~1kg)	5,500	양파, 대파, 통마늘(또는 다진 마늘), 소금, 후춧가루
닭가슴살샐러드	삶은 닭가슴살	2쪽	-	연겨자, 식초, 설탕, 소금, 다진 마늘
	파프리카	½ 개	990(1개)	
닭죽	닭백숙 국물	3국자	-	밥, 당근, 대파, 양파, 참기름, 소금(또는 국간장)
	당근	⅓ 개	700(1개)	
열무김치	열무	1단	1,880	양파, 고추, 찹쌀가루(또는 밀가루), 다진 마늘, 고춧가루, 액젓, 소금
마카로니샐러드	마카로니	400g	1,000	당근, 파프리카, 마요네즈, 설탕, 소금, 후춧가루
			10,070	

● 여름 4주 재료 소개

닭

백숙용 닭은 큰 것이 좋아요. 표면의 색이 곱고 살이 분홍빛이 도는 것이 신선한 닭이에요. 꼬리 부분에 지방이 많은 것은 누린내가 많이 날 수 있으니 피해주세요.

파프리카

만져보았을 때 단단하고 껍질이 두꺼우며 광택이 나는 것이 신선한 파프리카예요. 꼭지가 선명한 색을 띠는 것이 좋아요.

열무

면역력 향상에 좋은 열무는 줄기가 연두색이 돌면서 무 부분이 날씬한 어린 열무가 질기지 않고 맛있어요. 잎이 너무 가늘면 빨리 무르니 잎은 좀 통통한 걸로 골라주세요.

마카로니

마카로니는 유럽 특유의 밀가루 세몰리나로 만들기 때문에 칼로리와 당지수가 낮은 식품이에요. 남은 마카로니는 잘 밀봉해서 보관해주세요.

닭백숙

구수하고 깊은 닭고기와 국물

30분

2일

주재료

닭 1마리(800g~1kg)
※삶은 후 닭가슴살은 따로 떼어내 샐러드에 사용합니다.

기본재료

- □ 양파 1개
- □ 대파 1대
- □ 통마늘 3개
  (또는 다진 마늘 1숟가락)
- □ 소금 1숟가락
- □ 후춧가루 조금

1. 닭은 깨끗이 씻은 뒤 겉만 익을 정도로 한 번 삶아주세요. 초벌로 삶은 물은 다시 사용하지 않고 버립니다.

2. 양파와 대파는 큼직하게 잘라주세요.

3. 큰 냄비에 물을 붓고, 닭, 양파, 대파, 통마늘 3개(또는 다진 마늘 1숟가락), 소금 1숟가락을 넣고 끓여주세요.

4. 물이 끓으면 중약불로 줄이고 푹 삶아주세요.

5. 닭이 완전히 익으면 소금과 후춧가루를 취향껏 넣어서 간을 맞춥니다.

욜로리아 한마디

닭백숙 국물은 따로 덜어 두었다가 닭죽에 사용합니다. 닭가슴살은 따로 떼어내 닭가슴살샐러드에 사용합니다.

닭가슴살샐러드

코끝을 톡 쏘는 새콤달콤한 맛

주재료

삶은 닭가슴살 2쪽
파프리카 ½개
당근 ⅓개
양파 ½개

기본재료

- □ 연겨자 ½숟가락
- □ 식초 5숟가락
- □ 올리고당 1숟가락
- □ 설탕 ⅓숟가락
- □ 다진 마늘 ⅓숟가락
- □ 소금 2꼬집

1. 파프리카는 꼭지를 따고 속에 든 씨를 제거한 후 3mm 두께로 채를 썰어주세요. 양파와 당근도 같은 두께로 채를 썰어주세요.

2. 삶은 닭가슴살을 손으로 결을 따라서 찢어주세요.

3. 연겨자 ½숟가락, 식초 5숟가락, 올리고당 1숟가락, 설탕 ⅓숟가락, 다진 마늘 ⅓숟가락, 소금 2꼬집을 섞어서 겨자 소스를 만들어주세요.

4. 볼에 찢은 닭가슴살, 채 썬 파프리카, 양파, 당근을 넣고 겨자 소스를 뿌려서 골고루 버무려 주세요.

욜로리아 한마디

겨자 소스는 오리고기 샐러드나 해파리 냉채 등을 만들 때 활용해도 좋아요.

닭죽

속이 편안해지는 맛

15분

2일

주재료

닭백숙 국물 3국자

기본재료

- ▫ 밥 1그릇
- ▫ 당근 2cm 두께 조금
- ▫ 대파 ¼대
- ▫ 양파 ¼개
- ▫ 참기름 2숟가락
- ▫ 소금(또는 국간장) 조금

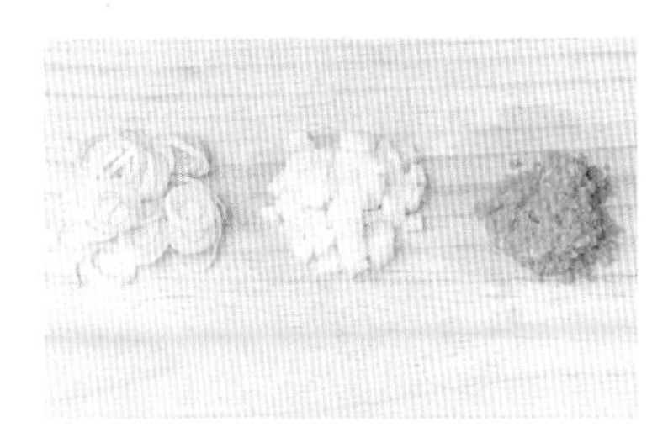

1. 당근과 양파는 잘게 다지고, 대파는 송송 썰어주세요.

2. 프라이팬에 참기름 1숟가락을 두르고 다진 당근, 대파, 양파를 볶아서 따로 덜어둡니다.

3. 냄비에 닭백숙 국물을 붓고 밥 1그릇을 넣어 끓여주세요.

4. 밥이 끓기 시작하면 약불로 줄이고 볶은 당근, 대파, 양파를 넣고 끓여주세요.

5. 밥이 눌어붙지 않도록 저어주세요.

6. 닭죽을 그릇에 담고 참기름 1숟가락과 소금(또는 국간장)으로 간을 맞춰주세요.

열무김치

시원하고 아삭하며 입맛을 돋우는 맛

30분
+1시간(절이기)

일주일 이상

주재료

열무 1단

기본재료

- ㅁ 양파 1개
- ㅁ 고추 2개
- ㅁ 물 200ml
- ㅁ 찹쌀가루(또는 밀가루) 듬뿍 1숟가락
- ㅁ 다진 마늘 1숟가락
- ㅁ 고춧가루 4숟가락
- ㅁ 액젓 50ml

절임 재료

- ㅁ 물 1L
- ㅁ 소금 5숟가락

1. 열무는 3~4등분으로 자른 후 뿌리의 흙을 칼로 긁어내고 씻어주세요.

tip 열무는 길게 4등분을 하는 것이 적당합니다.

2. 물 1L에 소금 4숟가락을 넣어 소금물을 만들어주세요. 열무에 소금물을 붓고 골고루 뒤적인 다음 소금 1숟가락을 더 뿌리고 1시간 동안 절여주세요.

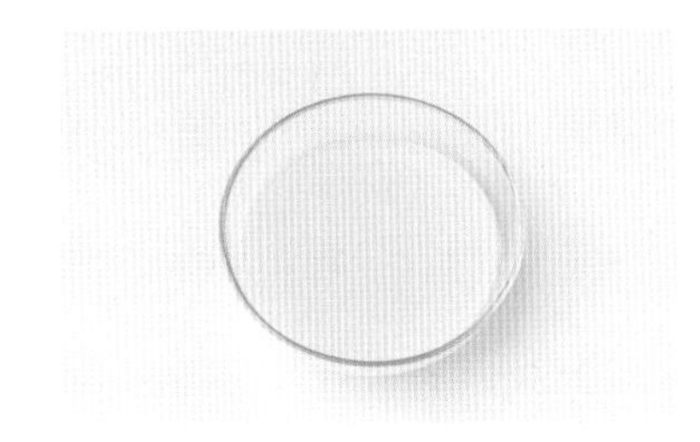

3. 물 200ml에 찹쌀가루(또는 밀가루) 듬뿍 1숟가락을 넣고 저어가면서 찹쌀풀을 끓여주세요. 끓기 시작하면 곧바로 불을 끄고 식혀주세요.

4. 양파와 고추는 가늘게 채를 썰어주세요.

5. 찹쌀풀에 다진 마늘 1숟가락, 고춧가루 4숟가락, 액젓 50ml를 넣고 양념장을 만들어주세요. 볼에 절인 열무, 채 썬 양파와 고추를 담고 양념장을 넣어 골고루 버무려주세요.

tip 싱거우면 액젓을 조금 더 넣어 간을 맞춥니다.

6. 실온에 하루 정도 숙성하면 더욱 맛있습니다.

마카로니샐러드

고소하고 쫄깃한 맛

주재료

마카로니 400g

기본재료

- 당근 ¼개
- 파프리카 ½개
- 마요네즈 6숟가락
- 설탕 ⅓숟가락
- 소금 2꼬집
- 후춧가루 조금

삶는 재료

- 물 600ml
- 소금 ½숟가락

1. 물 600ml에 마카로니 400g, 소금 ½숟가락을 넣고 삶아주세요. 물이 끓어오르면 찬물을 조금씩 부어주면서 총 15분 정도 삶아주세요.

tip 끓어 넘칠 수 있으니 넉넉한 크기의 냄비를 사용합니다.

2. 삶은 마카로니를 찬물에 헹구고 물기를 충분히 털어주세요.

tip 밀폐용기에 담아서 냉동했다가 녹이면 마카로니가 더욱 쫀득합니다.

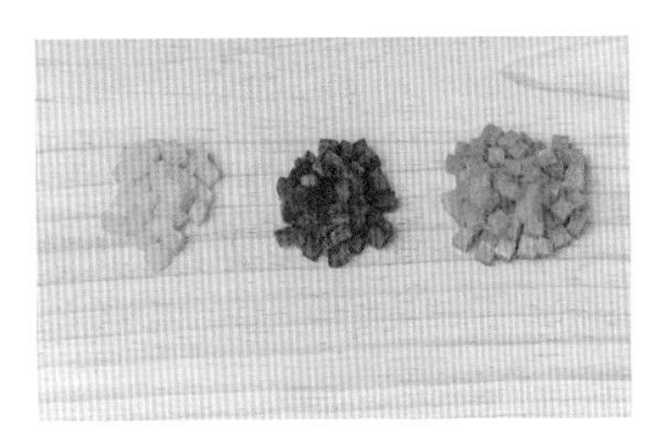

3. 당근과 파프리카는 5mm 크기로 깍둑썰기를 해주세요.

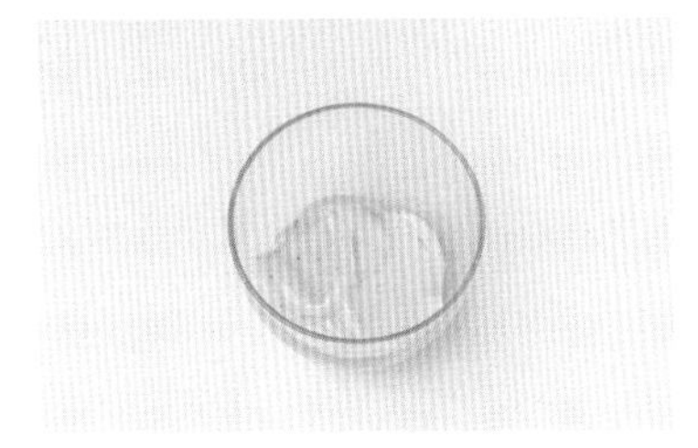

4. 마요네즈 6숟가락, 설탕 ⅓숟가락, 소금 2꼬집, 후춧가루 조금 섞어서 소스를 만들어주세요.

5. 볼에 마카로니, 당근, 파프리카를 담고 소스를 버무려주세요.

Part 3.

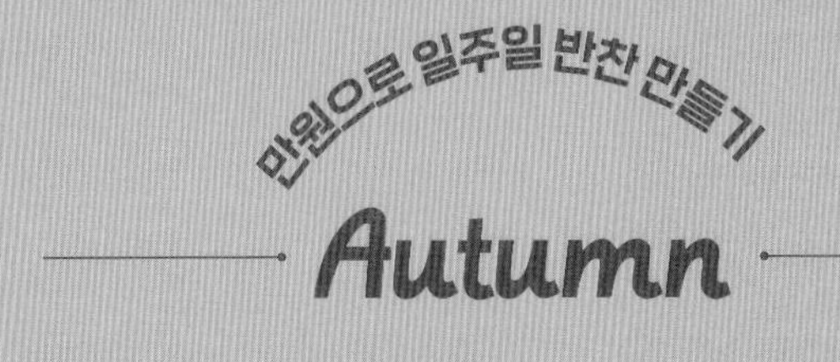

수확의 계절 가을. 흔히 구할 수 있는 감자, 두부, 달걀 등을 이용한 생활 밀착형 레시피부터 감자전, 참치두부두루치기 등 막걸리 한잔이 생각나는 술안주 레시피까지 풍성한 가을 식탁을 차려보세요.

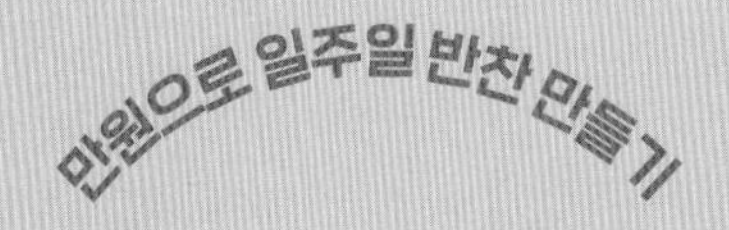

Autumn First week

● 가을 1주 장보기

요리명	장보기	수량	가격	기본재료
게맛살튀김	게맛살	1봉	2,000	튀김가루
게맛살커리	달걀	2개	-	대파, 청양고추, 양파, 다진 마늘, 진간장, 식초, 물엿
	카레 가루	1봉	1,280	
	우유	200ml	800	
참나물무침	참나물	1봉	1,580	참기름(또는 들기름), 다진 마늘, 매실액(또는 설탕), 식초, 깨
흰자품은달걀말이	달걀	3개	-	대파, 소금
달걀장조림	달걀	15개	5,280(25개)	양파, 대파, 청양고추, 소금, 마늘, 국물용 멸치, 진간장, 물엿
			10,940	

● 가을 1주 재료 소개

맛살

맛살은 어육의 비율이 높은 것을 고릅니다. 유통기한이 9~10일 정도로 짧기 때문에 기한이 최대한 오래 남은 것을 삽니다.

카레 가루

우리에게 친숙한 카레 가루는 어디서든 쉽게 구할 수 있어요. 카레에 들어 있는 커큐민 성분은 항염과 항산화 효능이 있답니다. 개봉한 카레 가루는 꼭 밀봉해서 냉장 보관해주세요.

우유

칼슘이 풍부한 우유는 구입 즉시 바로 먹거나 주입구를 잘 막아서 반드시 냉장 보관해주세요. 우유를 냄새 나는 식품과 함께 오래 보관하면 그 냄새가 우유에 밸 수 있으니 주의합니다.

참나물

특유의 향이 입맛을 돋우는 참나물은 베타카로틴이 풍부한 채소예요. 초록색이 선명하고 시든 잎이 없는 것으로 골라주세요.

달걀

달걀 껍질에는 많은 정보가 들어 있어요. 앞의 네 자리 숫자는 달걀의 산란 일자, 가운데 여섯 자리는 생산자 고유번호, 마지막 숫자는 사육 환경번호를 뜻해요. 달걀을 고를 때 꼭 참고하세요.

게맛살튀김

자꾸자꾸 손이 가는 따끈 바삭한 맛

10분

바로

주재료

게맛살 1봉

기본재료

- 튀김가루 100ml
- 물 150ml

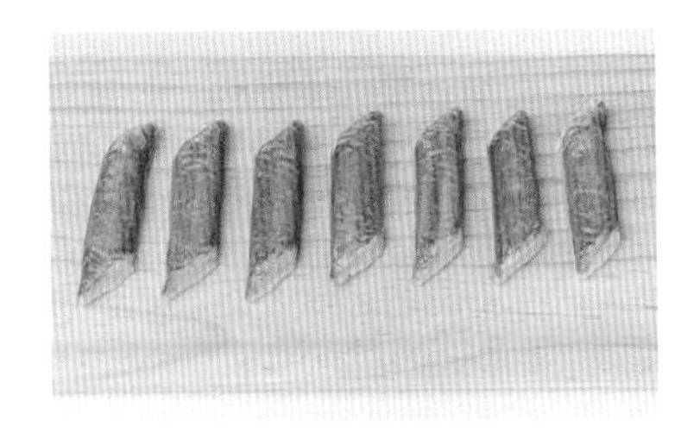

1. 긴 게맛살은 5cm 길이의 사선으로 잘라주세요.

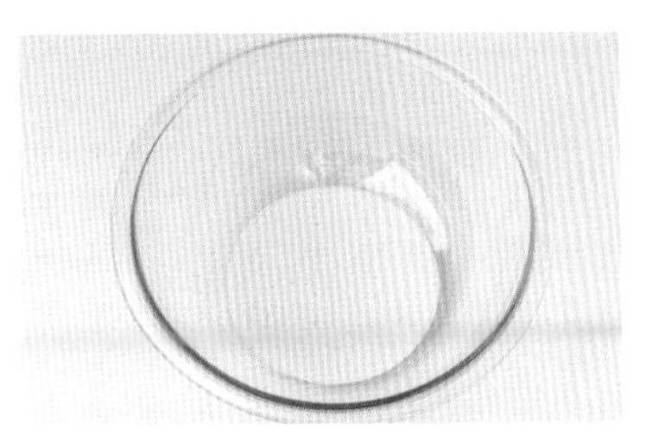

2. 튀김가루 100ml, 물 150ml를 잘 섞어서 튀김 반죽을 만들어주세요.

3. 게맛살을 튀김 반죽에 넣고 골고루 묻혀주세요.

4. 식용유를 충분히 가열한 후 반죽 입힌 게맛살을 넣고 튀겨주세요. 게맛살이 떠오르면 바로 건져냅니다.

tip 튀김 반죽을 한 방울 떨어트렸을 때 곧바로 떠오르면 튀기기 적당한 온도예요.

5. 게맛살튀김을 키친타월에 올려 기름기를 빼줍니다.

tip 그냥 먹어도 되고, 초간장에 살짝 찍어 먹어도 맛있습니다.

게맛살커리

우유를 넣어 부드러운 푸팟퐁커리 맛

15분

2~3일

주재료

달걀 2개
게맛살튀김 4개
카레 가루 2숟가락
우유 200ml

기본재료

- □ 대파 ½대
- □ 청양고추 1개
- □ 양파 ½개
- □ 다진 마늘 ½숟가락
- □ 진간장 ½숟가락
- □ 식초 ⅓숟가락
- □ 물엿 1숟가락

1. 진간장 ½숟가락, 식초 ⅓숟가락, 물엿 1숟가락을 섞어 소스를 만들어주세요.

2. 대파와 청양고추는 잘게 다지고, 양파는 3mm 두께로 채를 썰어주세요.

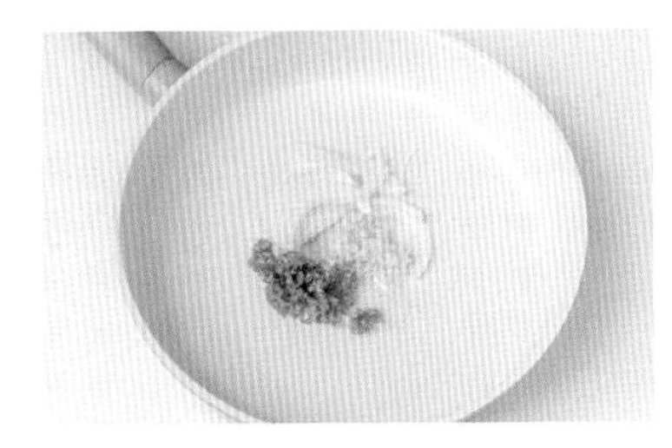

3. 팬에 다진 마늘 ½숟가락, 다진 청양고추, 채 썬 양파를 한꺼번에 넣고 양파가 투명해질 때까지 볶아주세요.

4. 소스를 넣고 볶다가 우유 200ml, 카레 가루 2숟가락을 넣고 끓여주세요.

tip 우유는 한꺼번에 다 넣지 않고 조금씩 나눠 넣으면서 농도를 맞춰주세요.

5. 달걀 2개를 풀어 넣고 볶다가 다진 대파를 넣고 한 번 더 살짝 볶아주세요.

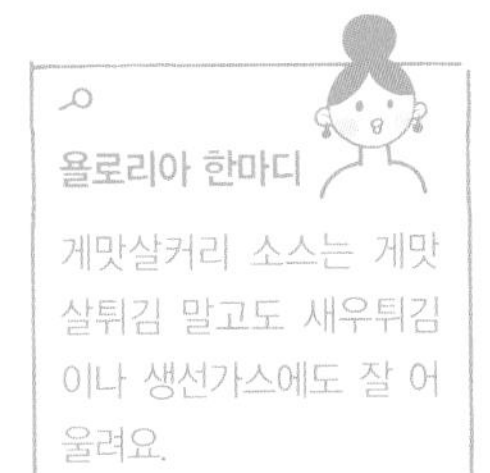

욜로리아 한마디

게맛살커리 소스는 게맛살튀김 말고도 새우튀김이나 생선가스에도 잘 어울려요.

참나물무침

향긋한 나물의 아삭함과 고소함이 어우러진 맛

주재료

참나물 1봉(200g)

기본재료

- □ 참기름(또는 들기름) 2숟가락
- □ 다진 마늘 ½숟가락
- □ 매실액 1숟가락 (또는 설탕 2숟가락)
- □ 식초 3숟가락
- □ 깨 1숟가락

1. 참나물은 깨끗이 씻은 다음 4등분으로 잘라 주세요.

2. 끓는 물에 참나물을 20초 정도 데쳐주세요.

3. 데친 참나물을 찬물에 헹구고 물기를 꼭 짜 주세요.

4. 참기름(또는 들기름) 2숟가락, 다진 마늘 ½숟가락, 매실액 1숟가락(또는 설탕 2숟가락), 식초 3숟가락을 섞어 양념을 만들어주세요.

tip 들기름을 넣으면 훨씬 더 잘 어울리고 고소합니다.

5. 참나물에 양념을 조금씩 넣어가면서 골고루 무쳐주세요.

6. 마지막에 깨 1숟가락을 뿌려주세요.

흰자품은달걀말이

눈이 즐거운 고소한 달걀말이

10분

2일

주재료

달걀 3개

기본재료

- □ 대파(푸른 부분) 15cm
- □ 소금 ¼숟가락

1. 대파는 잘게 다져주세요.

2. 달걀 3개를 흰자와 노른자를 분리해서 준비합니다.

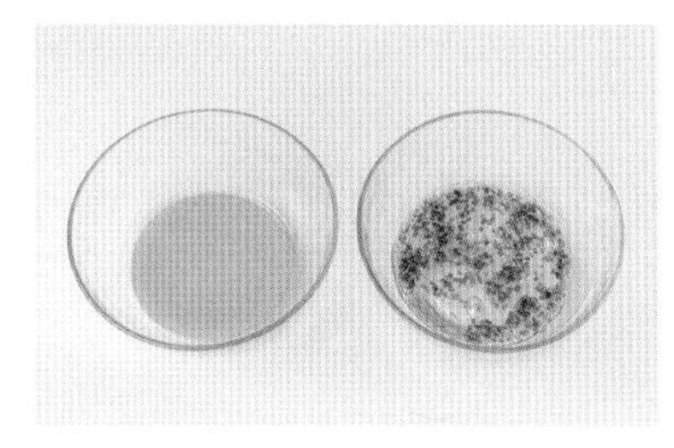

3. 달걀흰자에 다진 대파와 소금 ¼숟가락을 넣고 충분히 섞어주고, 노른자도 저어주세요.

4. 프라이팬을 적당히 달군 후 약불로 줄이고 달걀흰자를 조금씩 부어 살짝 익으면 천천히 말아주고 다시 부어서 익으면 말아줍니다.

5. 달걀흰자말이가 완성되면 바로 이어질 수 있도록 노른자를 부어주세요.

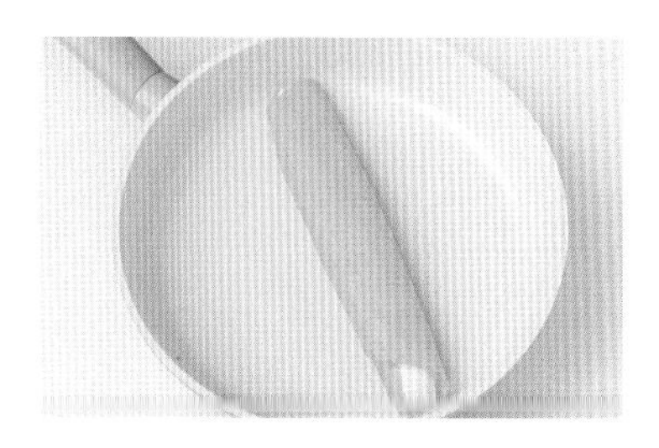

6. 약불로 천천히 익히면서 말아줍니다.

tip 달걀말이는 식었을 때 잘라야 가장자리가 부스러지지 않고 깔끔합니다.

Autumn

달걀장조림

단짠단짠 멈출 수 없는 밥도둑

주재료

달걀 15개

기본재료

- □ 대파 ½대
- □ 양파 1개
- □ 청양고추 2개
- □ 국물용 멸치 5마리 (생략 가능)
- □ 진간장 100ml
- □ 물 500ml
- □ 물엿 100ml
- □ 소금 1숟가락(삶기용)

1. 냄비에 달걀 15개를 담고 충분히 잠길 정도로 물을 부은 다음 소금 1숟가락을 넣고 완숙으로 삶아주세요. 물이 끓기 시작하고 12분 정도 삶으면 완숙이 됩니다.

tip 삶을 때 달걀을 저어주면 노른자가 가운데 자리 잡아요.

2. 삶은 달걀을 바로 찬물에 넣고 여러 번 헹군 다음 완전히 식으면 껍질을 까주세요.

tip 달걀이 완전히 식었을 때 껍질을 까야 깔끔하게 벗겨집니다.

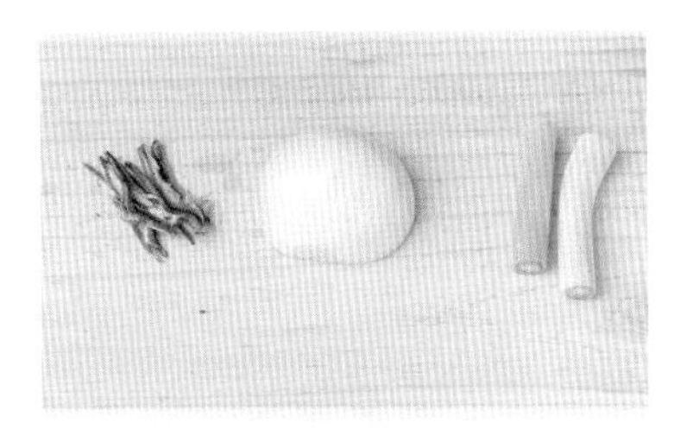

3. 대파, 양파, 청양고추를 절반으로 잘라주세요. 국물용 멸치는 대가리를 떼어내고 내장을 빼주세요.

4. 냄비에 진간장 100ml, 물 500ml, 물엿 100ml를 넣고 골고루 섞은 다음 대파, 양파, 청양고추, 멸치, 삶은 달걀을 한꺼번에 넣고 끓여주세요.

5. 장조림이 끓기 시작하면 중약불로 줄이고 15분 정도 더 끓여줍니다.

6. 대파, 양파, 청양고추, 멸치는 건져내고 충분히 식힌 후 반찬통에 담아주세요.

욜로리아 한마디

국물용 멸치가 없다면 다시팩을 사용해도 되고 생략해도 상관없어요.

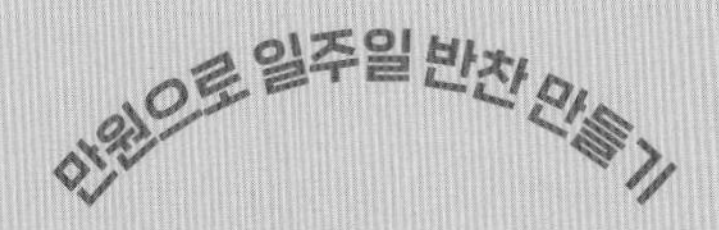

Autumn Second week

● 가을 2주 장보기

요리명	장보기	수량	가격	기본재료
보리새우꽈리고추볶음	보리새우	1봉(130g)	5,600	진간장, 다진 마늘, 깨, 올리고당, 식용유
	꽈리고추	8개	-	
꽈리고추감자조림	꽈리고추	12개	1,000(1봉)	양파, 다진 마늘, 진간장, 물엿, 설탕
	당근	½개	700(1개)	
감자샐러드	감자	3개	2,180(1kg)	양파, 마요네즈, 설탕, 소금
옥수수김치전	스위트콘	1캔	980	김치, 부침가루(또는 튀김가루), 고춧가루, 식용유
감자전	감자	1개	-	소금, 식용유
			10,460	

● 가을 2주 재료 소개

보리새우

일반 건새우보다 크기는 작지만 훨씬 맛이 고소한 보리새우는 가루가 별로 없고 형태가 부서지지 않으며 대가리부터 꼬리까지 잘 붙어 있는 것이 좋아요.

꽈리고추

꽈리고추는 비타민A와 C가 많아서 항산화 작용에 탁월해요. 꼭지가 신선하고 만졌을 때 단단한 느낌이 들고 모양이 곧은 것을 고릅니다.

당근

당근은 주황색이 선명하고 진한 것이 좋아요. 만졌을 때 단단하고 모양이 곧은 것을 골라주세요.

감자

감자는 싹이 나고 껍질이 초록빛이 도는 것, 잔주름이 많은 것은 피해주세요. 만졌을 때 단단하고 흠집이 없는 것이 좋은 감자입니다.

스위트콘

옥수수 캔은 어디서나 쉽게 구할 수 있는 재료로 유통기한이 오래 남아 있고, 캔이 찌그러지지 않은 것이 좋아요.

보리새우꽈리고추볶음

달콤 짭쪼름하고 매콤해서 입맛 도는 맛

주재료

보리새우 1봉(130g)
꽈리고추 8개

기본재료

- □ 진간장 5숟가락
- □ 다진 마늘 ½숟가락
- □ 올리고당 2~3숟가락
- □ 깨 1숟가락
- □ 식용유 2숟가락

1. 꽈리고추는 꼭지를 떼어내고 깨끗이 씻어서 길게 반으로 잘라주세요.

2. 보리새우를 체에 털어서 준비해주세요.

3. 프라이팬에 식용유를 두르지 않고 보리새우를 1~2분 정도 가볍게 볶아주세요.

4. 프라이팬에 식용유 2숟가락, 다진 마늘 ½숟가락, 진간장 1숟가락, 꽈리고추를 한꺼번에 넣고 볶아주세요.

5. 보리새우를 넣고 진간장 4숟가락을 뿌려서 골고루 볶아주세요. 보리새우에 간장이 골고루 스며들 때까지 볶아줍니다.

6. 불을 끈 상태에서 올리고당 2~3숟가락을 넣고 골고루 섞은 다음 깨 1숟가락을 뿌려줍니다.

욜로리아 한마디

보리새우꽈리고추볶음에 사용하고 남은 꽈리고추를 꽈리고추감자조림에 사용합니다.

꽈리고추감자조림

밥에 비벼 먹어도 맛있어요.

주재료

꽈리고추 12개
감자 2~3개
당근 ½개

기본재료

- □ 양파 1개
- □ 진간장 7숟가락
- □ 다진 마늘 1숟가락
- □ 설탕 1숟가락
- □ 물엿 1~2숟가락

1. 감자는 껍질을 벗기고 2.5cm 두께로 깍둑썰기를 해주세요.

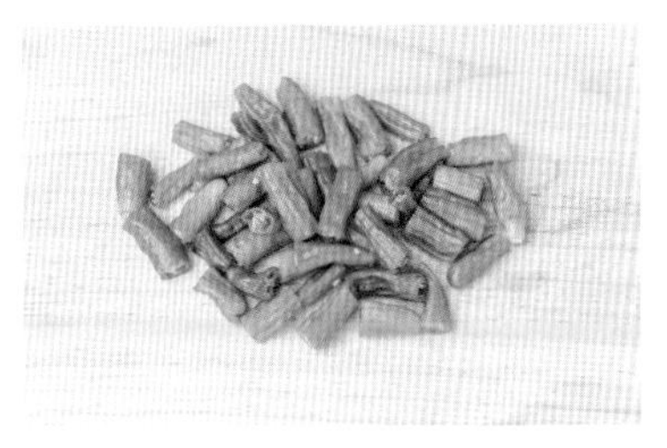

2. 꽈리고추는 꼭지를 떼어내고 씻은 다음 길게 반으로 잘라주세요.

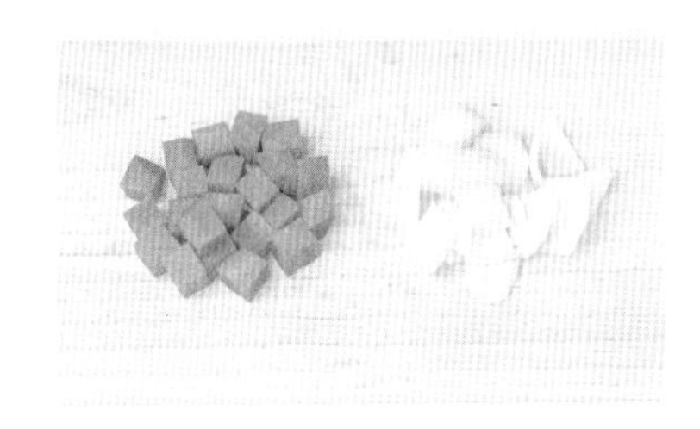

3. 당근과 양파도 2.5cm 두께로 깍둑썰기를 해주세요.

4. 냄비에 감자와 당근을 담고 살짝 잠길 정도로 물을 부은 다음 진간장 7숟가락, 다진 마늘 1숟가락, 설탕 1숟가락을 넣고 살짝 섞은 다음 끓여주세요.

5. 감자가 충분히 익으면(젓가락을 찔렀을 때 푹 들어가는 정도) 양파와 꽈리고추를 넣고 뚜껑을 덮어 5분 더 끓여주세요.

6. 물엿 1~2숟가락을 넣고 국물을 졸여주세요. 단맛을 좋아하는 정도에 따라 조절하면 됩니다.

감자샐러드

감자의 고소함과 달콤함이 어우러진 맛

15분

5일

주재료
감자 3개
스위트콘 3숟가락
다진 당근 2숟가락

기본재료
- 양파 ¼개
- 달걀 1개
- 마요네즈 3~4숟가락
- 설탕 1.5숟가락
- 소금 ½숟가락

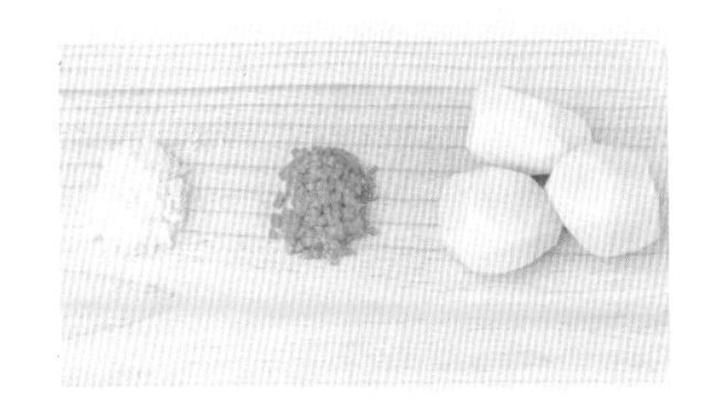

1. 감자는 큼직하게 썰고, 양파와 당근은 잘게 다져주세요.

2. 감자와 양파는 함께 삶아주세요. 감자에 젓가락이 쏙 들어갈 정도로 삶으면 됩니다.

tip 감자에 물 50ml를 붓고 전자레인지에 7분 정도 돌리면 간편하게 삶을 수 있습니다.

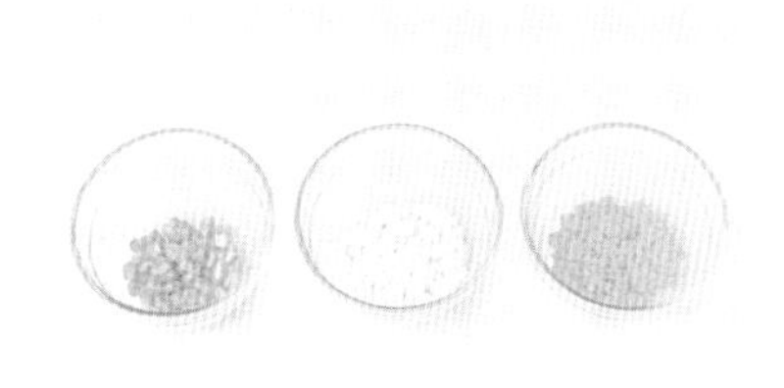

3. 달걀은 삶아서 흰자와 노른자를 분리해 흰자는 다지고, 노른자는 으깨주세요. 스위트콘은 물기를 빼줍니다.

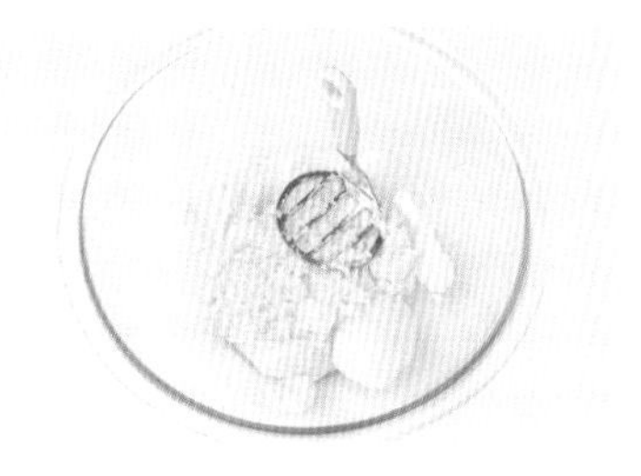

4. 삶은 감자와 양파는 물기를 빼고 충분히 으깬 다음 소금 ½숟가락, 설탕 1.5숟가락, 마요네즈 3~4숟가락을 넣고 골고루 섞어주세요.

5. 다진 당근과 달걀흰자, 스위트콘을 넣고 골고루 섞어주세요.

6. 마지막으로 으깬 달걀노른자를 위에 뿌려줍니다.

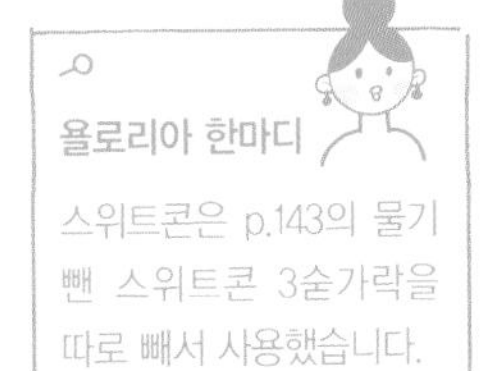

욜로리아 한마디

스위트콘은 p.143의 물기 뺀 스위트콘 3숟가락을 따로 빼서 사용했습니다.

옥수수김치전

톡톡 터지는 매콤 고소한 맛

15분

바로

보관하면 맛이 떨어지니
먹을 만큼만 만듭니다.

주재료

스위트콘 1캔

기본재료

- 김치 2쪽(배춧잎 2장) (기호에 따라 가감해주세요)
- 고춧가루 깎아서 1숟가락
- 부침가루 (또는 튀김가루) 75ml
- 물 75ml(소주잔 1.5컵)
- 식용유 3숟가락

1. 스위트콘은 체에 걸러서 물기를 완전히 빼주세요.

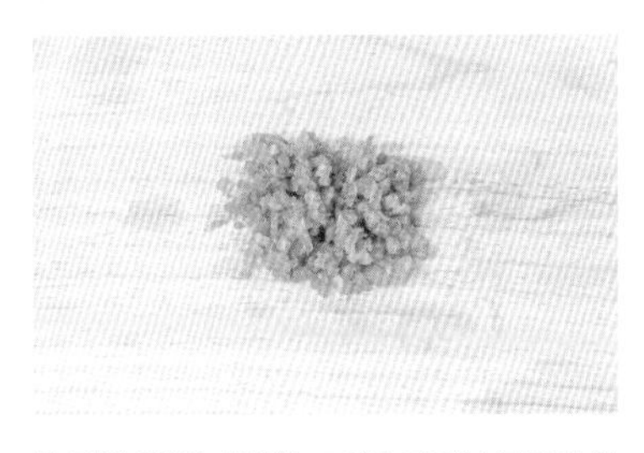

2. 김치 2쪽은 적당한 크기로 다져서 물기를 꽉 짜주세요.

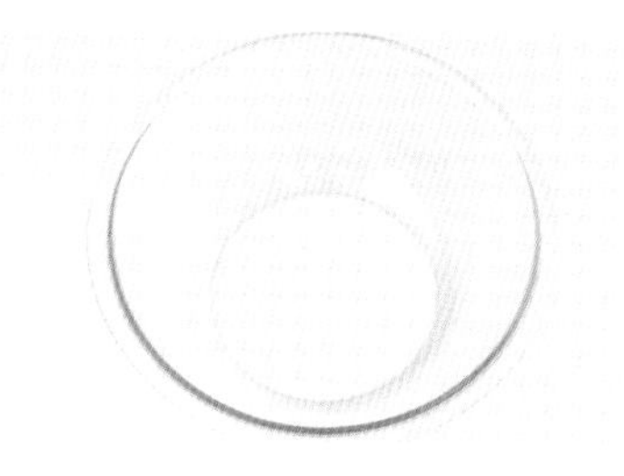

3. 부침가루 75ml와 물 75ml를 골고루 섞어 반죽을 만들어주세요.

4. 반죽에 다진 김치와 스위트콘, 고춧가루 깎아서 1숟가락을 넣고 골고루 섞어주세요.

tip 고춧가루를 넣으면 색깔이 더욱 예쁘게 나옵니다.

5. 프라이팬에 식용유 3숟가락을 두르고 달군 후 중불에서 반죽을 1숟가락씩 놓고 동그랗게 부쳐주세요.

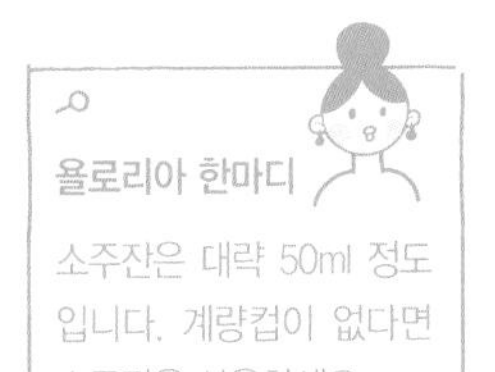

욜로리아 한마디

소주잔은 대략 50ml 정도입니다. 계량컵이 없다면 소주잔을 사용하세요.

감자전

쫀득하고 고소해서 간식과 안주로 그만

주재료

감자 1~2개
꽈리고추 2개(청양고추로 대체 또는 생략 가능)

기본재료

- 소금 ⅓숟가락
- 식용유 2숟가락

1. 감자는 껍질을 벗기고 강판에 갈아서 체에 받쳐 걸러주세요. 전분물은 시간이 지나면 전분만 가라앉는데, 물은 따라 버리고 전분만 사용합니다.

2. 꽈리고추는 잘게 다져주세요.

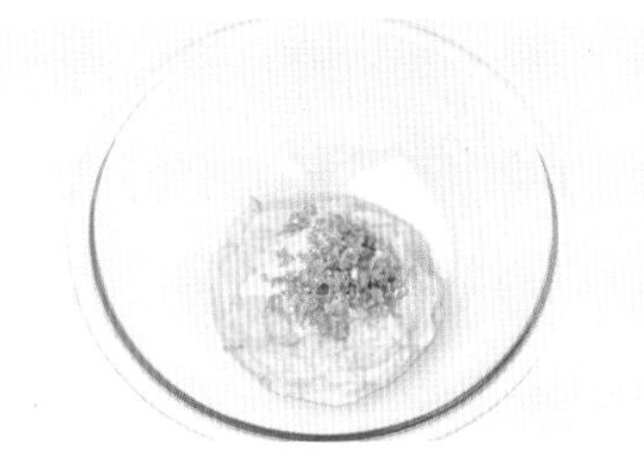

3. 간 감자, 전분, 다진 꽈리고추를 골고루 섞어주세요.

4. 감자 반죽에 소금 ⅓숟가락을 넣고 골고루 섞어주세요.

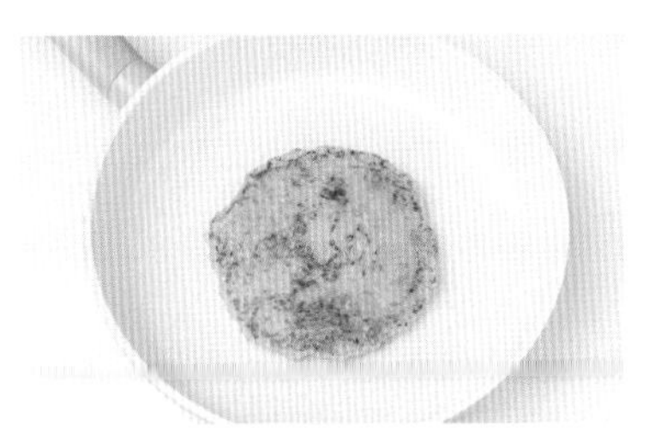

5. 프라이팬에 식용유 2숟가락을 둘러서 달군 다음 중약불에서 감자 반죽을 1숟가락씩 놓고 노릇하게 부쳐주세요.

tip 그냥 먹어도 맛있지만 초간장에 찍어 먹어도 좋아요.

욜로리아 한마디

믹서기를 사용할 때는 물을 넣어야 뻑뻑하지 않게 잘 갈립니다. 감자전은 강판에 갈아야 식감이 적당하고 훨씬 고소합니다.

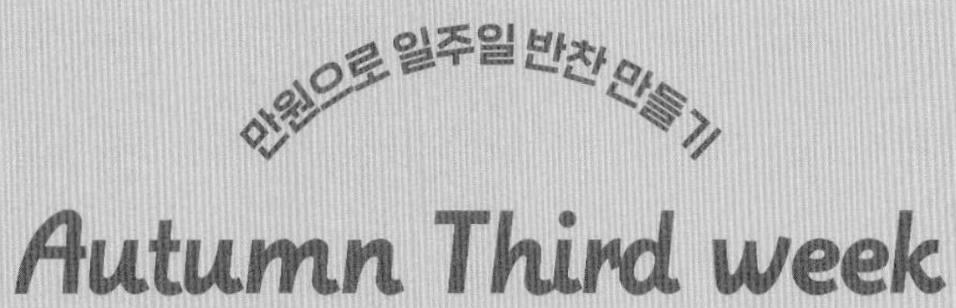

● 가을 3주 장보기

요리명	장보기	수량	가격	기본재료
묵은지고등어조림	고등어	1마리	3,900	신김치, 청양고추, 양파, 대파, 고춧가루, 설탕, 진간장, 다진 마늘
콩나물볶음	콩나물	1봉(300g)	1,200	양파, 대파, 고춧가루, 다진 마늘, 소금, 식용유, 깨
두부강정	두부	1모	1,000	튀김가루(또는 전분), 진간장, 케첩, 물엿, 고춧가루, 다진 마늘, 깨
애호박두부부침	애호박	1개	1,000	소금, 식용유
	두부	1모	1,000	
굴소스청경채볶음	청경채	5대	1,500	양파, 굴소스, 다진 마늘, 식용유, 홍고추
			9,600	

● 가을 3주 재료 소개

고등어

고등어는 오메가3, DHA, 단백질, 칼슘 등 필수영양소가 듬뿍 들어 있는 생선입니다. 몸집이 크고 살이 단단한 것이 좋아요.

콩나물

아스파라긴산이 많이 함유되어 알코올 해독에 탁월한 콩나물은 대가리와 줄기가 적당히 통통한 것을 고릅니다.

두부

두부는 국산콩, 수입콩, 국산유기농콩 등 콩 종류에 따라 가격이 천차만별이에요. 예산과 쓰임에 맞게 골라주세요.

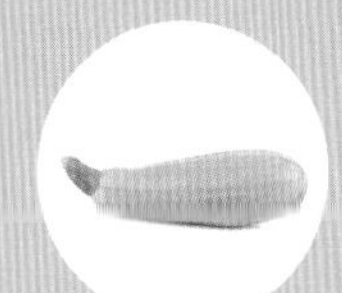

애호박

찌개와 전으로 많이 해 먹는 애호박은 표면이 고르고 흠집이 없으며 꼭지가 신선한 것이 좋아요.

청경채

잎의 초록색이 선명하고 윤기가 나며 잎과 잎 사이가 벌어지지 않은 것, 줄기에 거뭇한 반점이 없는 것이 좋아요.

묵은지고등어조림

김치의 깊은 맛과 어우러진 고등어

30분

3일

오래 두면 고등어 비린내가 날 수 있어요.

주재료

고등어 1마리

기본재료

- □ 신김치 ¼쪽
- □ 양파 1개
- □ 대파 1대
- □ 청양고추 2개
- □ 다진 마늘 1숟가락
- □ 고춧가루 3숟가락
- □ 진간장 3숟가락
- □ 설탕 1숟가락
- □ 물 200ml

1. 양파는 2cm 두께로 채를 썰고, 청양고추는 어슷썰기, 대파는 3cm 두께로 큼직하게 어슷썰기를 해주세요.

2. 신김치는 꼭지 부분을 잘라냅니다. 냄비에 양파를 깔고 김치를 올린 다음 물 200ml를 붓고 끓여주세요.

tip 오래 끓일수록 김치의 깊은 맛이 우러납니다.

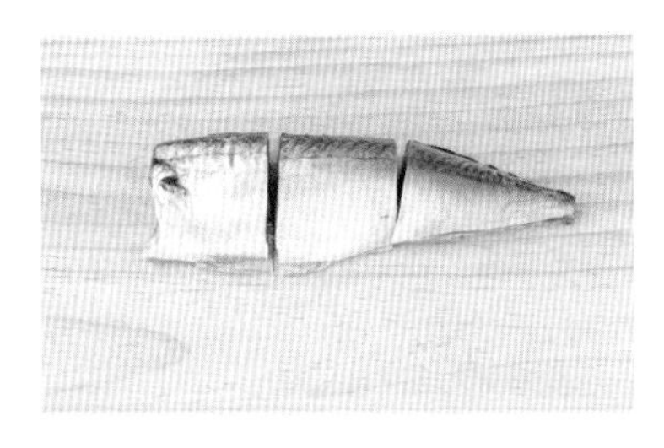

3. 고등어는 지느러미와 머리를 잘라내고 3등분을 해주세요.

tip 내장을 깨끗이 제거해야 비린내가 나지 않습니다.

4. 다진 마늘 1숟가락, 고춧가루 3숟가락, 진간장 3숟가락, 설탕 1숟가락을 섞어서 양념장을 만들어주세요.

5. 김치가 끓으면 고등어, 청양고추, 대파 흰 부분을 넣고 양념장을 올려주세요.

6. 고등어조림이 끓으면 대파 푸른 부분을 넣고 중약불에서 5~10분 더 끓입니다.

콩나물볶음

매콤 짭짤하고 아삭한 맛

주재료

콩나물 1봉(300g)

기본재료

- □ 양파 ½개
- □ 대파(푸른 부분) ½대
- □ 고춧가루 2숟가락
- □ 다진 마늘 ½숟가락
- □ 소금 ½숟가락
- □ 식용유 2~3숟가락
- □ 깨 1숟가락

1. 콩나물은 따로 손질하지 않고 깨끗이 씻어서 물기를 빼주세요.

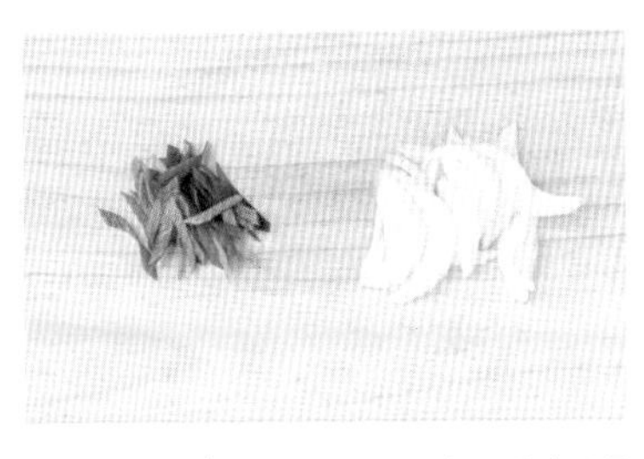

2. 양파는 3mm 두께로 채를 썰고, 대파 푸른 부분은 어슷썰기를 해주세요.

3. 냄비에 식용유 2~3숟가락을 두른 다음 양파, 콩나물을 넣고 뚜껑을 덮어 중불에 가열합니다. 지글지글 소리가 나면 뚜껑을 열고 바닥이 타지 않게 저어주세요.

4. 콩나물 숨이 죽으면(약 5분 정도 지나면) 소금 ½숟가락, 다진 마늘 ½숟가락, 고춧가루 2숟가락을 넣고 볶아주세요.

5. 대파를 넣고 골고루 섞어주세요.

6. 불을 끄고 깨 1숟가락을 넣고 섞어주세요.

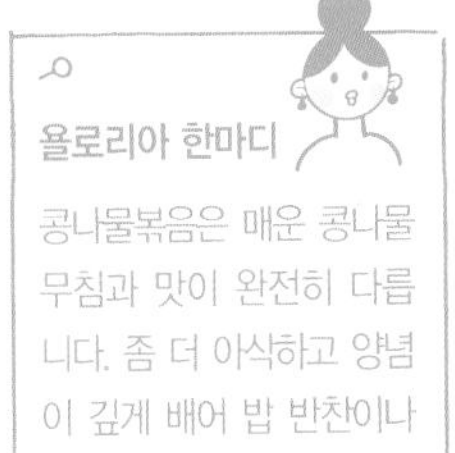

욜로리아 한마디

콩나물볶음은 매운 콩나물무침과 맛이 완전히 다릅니다. 좀 더 아삭하고 양념이 깊게 배어 밥 반찬이나 안주로 좋아요. 보관 기간도 더 깁니다.

두부강정

새콤 달콤 매콤한 양념 치킨 맛

주재료

두부 1모

기본재료

- □ 튀김가루(또는 전분) 2숟가락
- □ 진간장 2숟가락
- □ 물엿 3숟가락
- □ 고춧가루 1숟가락
- □ 케첩 3숟가락
- □ 다진 마늘 ½숟가락
- □ 물 4숟가락
- □ 깨 1숟가락

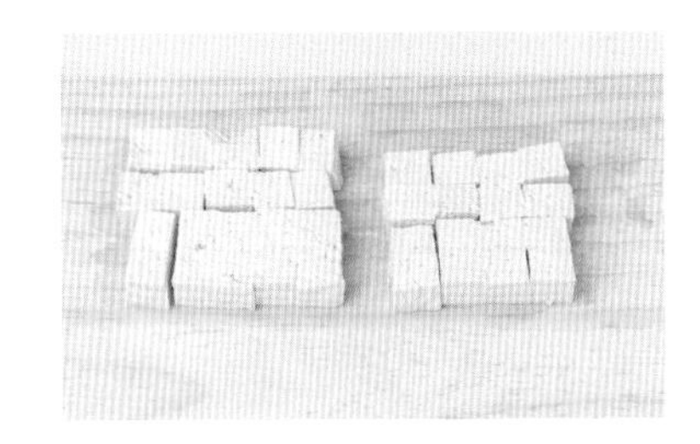

1. 두부는 2.5~3cm 두께로 깍둑썰기를 하고 물기를 빼주세요.

2. 두부에 튀김가루(또는 전분)를 묻혀주세요.

3. 프라이팬에 식용유를 넉넉히 두르고 두부를 튀기듯이 부쳐주세요.

4. 진간장 2숟가락, 물엿 3숟가락, 고춧가루 1숟가락, 케첩 3숟가락, 다진 마늘 ½숟가락, 물 4숟가락을 섞어서 양념장을 만들어주세요. 단맛을 좋아한다면 설탕 1숟가락을 추가합니다.

5. 양념장을 약불에 끓이다가 기포가 올라오면 바로 불을 끕니다.

6. 부친 두부에 끓인 양념장을 골고루 묻힌 다음 깨 1숟가락을 뿌립니다.

애호박두부부침

고소함과 부드러움이 어우러진 맛

주재료

애호박 1개
두부 1모

기본재료

- □ 소금 1숟가락
- □ 식용유 3숟가락

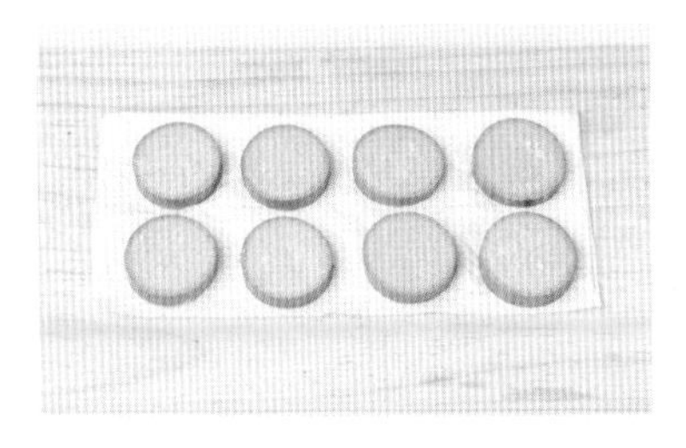

1. 애호박은 0.8cm 두께로 동그랗게 썰어서 소금을 뿌려두었다가 물방울이 송글송글 올라오면 키친타월로 닦아주세요.

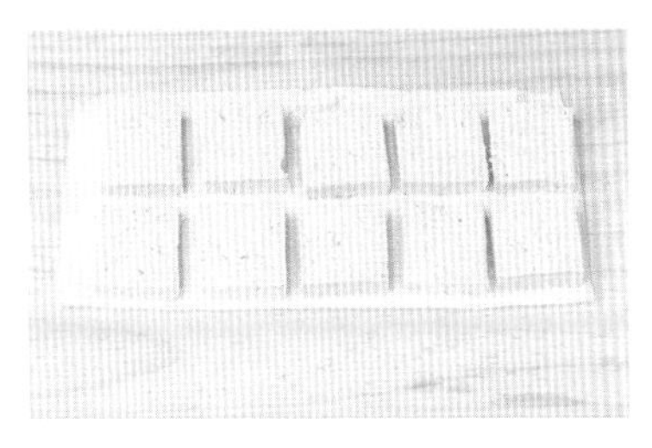

2. 두부도 애호박과 같은 두께와 크기로 썰어서 키친타월에 올려 물기를 빼주세요.

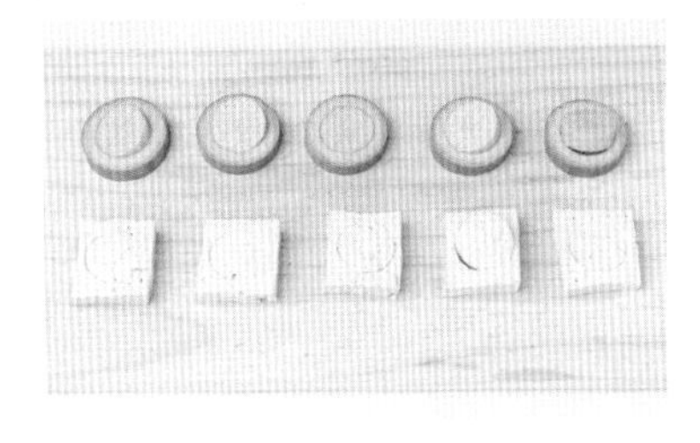

3. 모양틀로 애호박과 두부 한가운데를 찍어주세요. 애호박보다 작은 모양틀이어야 합니다.

tip 모양틀이 없다면 병뚜껑을 사용해도 됩니다.

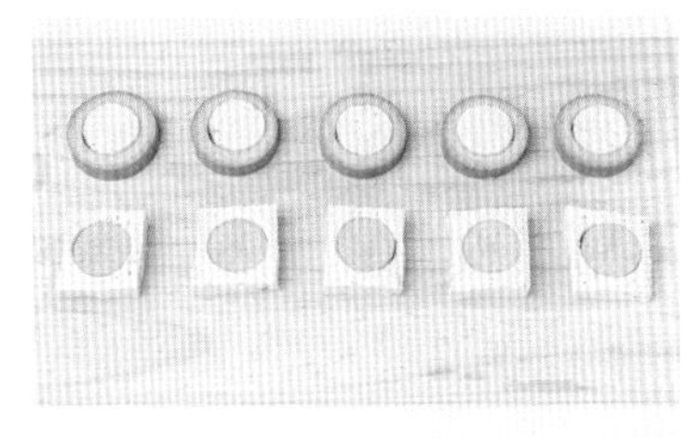

4. 동그랗게 찍어낸 두부와 호박을 바꿔 끼워주세요.

5. 프라이팬에 식용유를 두르고 약불에 두부와 호박을 노릇하게 부쳐주세요.

tip 두부에 끼운 호박이 빠지지 않도록 뒤집어주세요. 에어프라이어 또는 오븐을 이용하면 호박이 빠지지 않고 더욱 고소하게 구워집니다.

굴소스청경채볶음

굴소스와 잘 어울리는 청경채의 아삭함

주재료
청경채 5대

기본재료
- 양파 ½개
- 굴소스 1숟가락
- 다진 마늘 1숟가락
- 식용유 1숟가락
- 홍고추 1개(생략 가능)

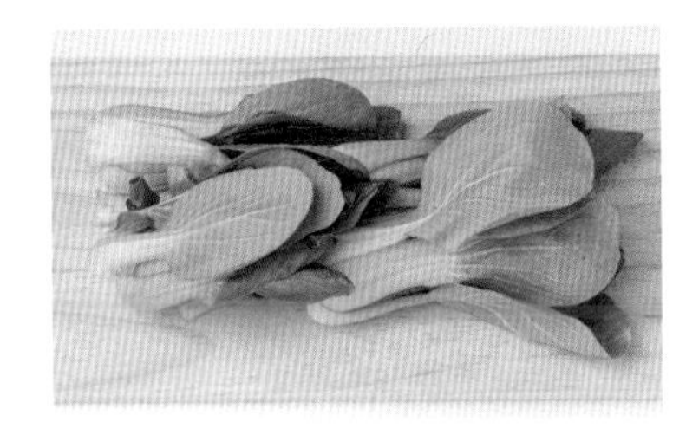

1. 청경채는 깨끗이 씻어주세요. 너무 큰 것은 겉잎을 떼어냅니다.

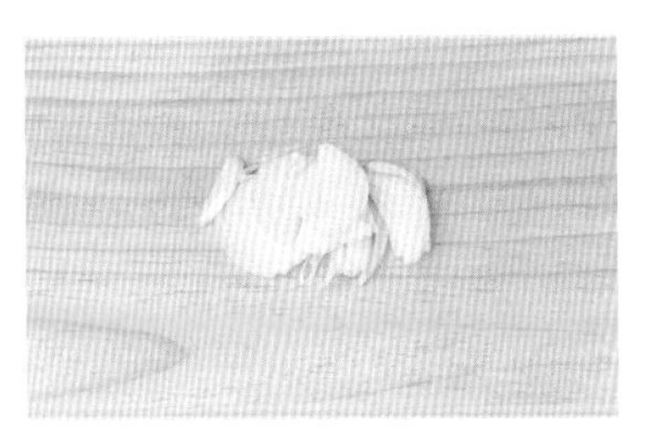

2. 양파는 3mm 두께로 채를 썰어주세요.

3. 프라이팬에 식용유 1숟가락을 두르고 다진 마늘 1숟가락, 채 썬 양파를 볶아주세요.

4. 청경채를 넣고 한 번 더 볶아주세요.

5. 청경채의 숨이 살짝 죽으면 굴소스 1숟가락을 넣고 한 번 더 볶아주세요.

6. 굴소스 1숟가락을 넣고 청경채 색이 진해지면 홍고추를 넣어 한 번 더 볶아줍니다. 홍고추가 없다면 생략해도 됩니다.

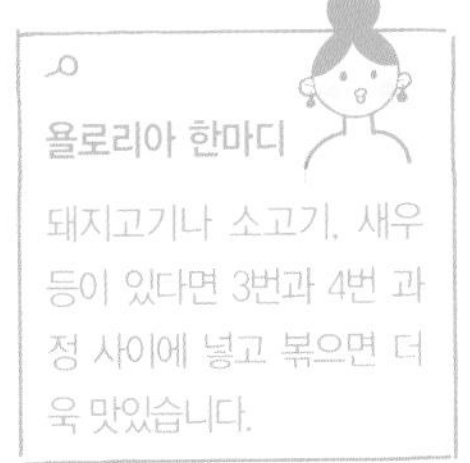

욜로리아 한마디

돼지고기나 소고기, 새우 등이 있다면 3번과 4번 과정 사이에 넣고 볶으면 더욱 맛있습니다.

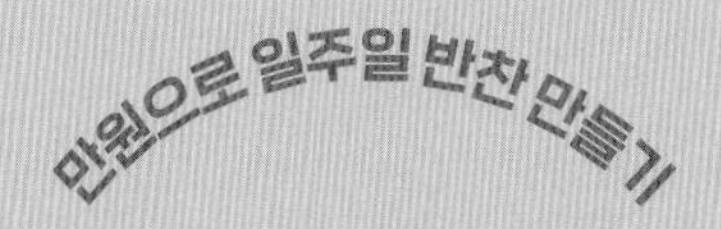

Autumn Fourth week

● 가을 4주 장보기

요리명	장보기	수량	가격	기본재료
참치두부두루치기	참치캔	1개(250g)	2,440	양파, 대파, 다진 마늘, 고춧가루, 진간장, 올리고당(또는 설탕), 멸치액젓(또는 까나리액젓), 후춧가루
	두부	1모(300g)	1,000	
참치샐러드	참치캔	1개(250g)	2,440	양파, 마요네즈, 소금, 후춧가루
	스위트콘	2~3숟가락	-	
옥수수맛탕	스위트콘	1캔	980	튀김가루, 설탕
양배추장아찌	양배추	½통	1,900(1통)	청양고추, 양파, 진간장, 설탕, 식초
양배추코울슬로	햄	100g	1,500	양파, 마요네즈, 설탕, 소금, 식초
	양배추	¼통	-	
			10,260	

● 가을 4주 재료 소개

참치캔

참치캔은 여러모로 쓸모가 많은 상비 식품이에요. 유통기한이 길고 캔이 찌그러지지 않은 것을 고르세요.

두부

두부는 저렴한 가격으로 단백질을 보충할 수 있는 식품이에요. 단단한 부침두부, 부드러운 찌개두부 등 용도에 맞게 유통기한이 넉넉한 제품을 골라주세요.

스위트콘

조리하기 전 체에 받쳐 뜨거운 물로 한 번 헹구면 식품첨가물을 줄일 수 있어요.

양배추

손으로 들었을 때 단단하고 묵직한 느낌이 나며 겉잎이 얇고 깨끗한 것이 좋아요. 겉잎에 상처가 많이 난 것은 피해 주세요.

햄

고기 함량이 높고, 유통기한이 길게 남아 있는 것을 골라주세요.

참치두부두루치기

밥에 쓱쓱 비벼 먹으면 더욱 맛있어요.

주재료
두부 1모(300g)
참치캔 1개(250g)

기본재료
- □ 양파 1개
- □ 대파 1대
- □ 다진 마늘 ½숟가락
- □ 진간장 3숟가락
- □ 고춧가루 2숟가락
- □ 올리고당 2숟가락(또는 설탕 1숟가락)
- □ 멸치액젓(또는 까나리액젓) ½숟가락(또는 진간장 1숟가락)
- □ 후춧가루 조금
- □ 물 150ml

1. 두부를 반으로 잘라 0.8cm 두께로 썰어주세요. 양파는 채를 썰고, 대파는 송송 썰어서 흰 부분과 푸른 부분을 나눠주세요.

2. 다진 마늘 ½숟가락, 진간장 3숟가락, 고춧가루 2숟가락, 멸치액젓(또는 까나리액젓) ½숟가락, 올리고당 2숟가락(또는 설탕 1숟가락), 물 150ml를 섞어서 양념장을 만들어주세요.

tip 올리고당 대신 설탕을 넣어도 됩니다. 단맛을 줄이고 싶다면 올리고당을 1숟가락만 넣어줍니다.

3. 전골냄비에 채 썬 양파를 깔고, 대파 흰 부분만 넣어 양념장 4숟가락을 뿌리고 두부를 올려주세요.

4. 두부를 전골냄비에 빙 둘러서 놓고 양념장을 골고루 뿌려주세요.

5. 가운데 참치를 올리고 끓여주세요.

6. 양념이 끓으면 국자로 골고루 끼얹어주세요. 마지막에 대파 푸른 부분을 올리고 후춧가루를 뿌려서 한 번 더 끓여주세요.

tip 청양고추를 넣으면 칼칼해서 어른 입맛에 더욱 좋고 술안주로도 그만이에요.

참치샐러드

마요네즈를 넣어 부드럽고 고소하며 짭짤한 맛

10분

5일

주재료

참치캔 1개(250g)
스위트콘 2~3숟가락

기본재료

- ㅁ 양파 ¼개
- ㅁ 마요네즈 4~5숟가락
- ㅁ 소금 1숟가락
- ㅁ 후춧가루 조금

1. 스위트콘은 체에 걸러서 물기를 빼주세요.

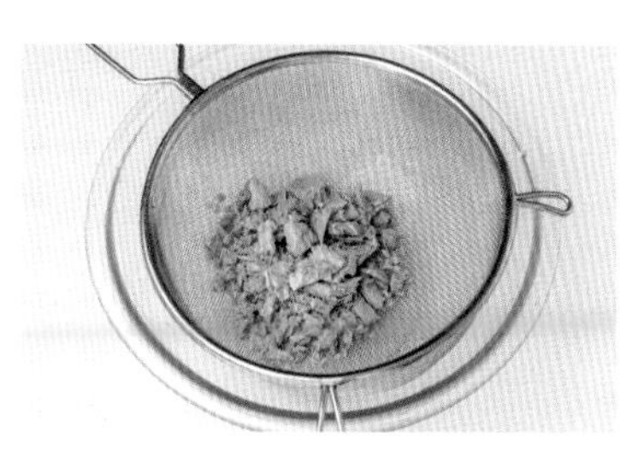

2. 참치는 기름을 체에 거르고 꽉 짜줍니다.

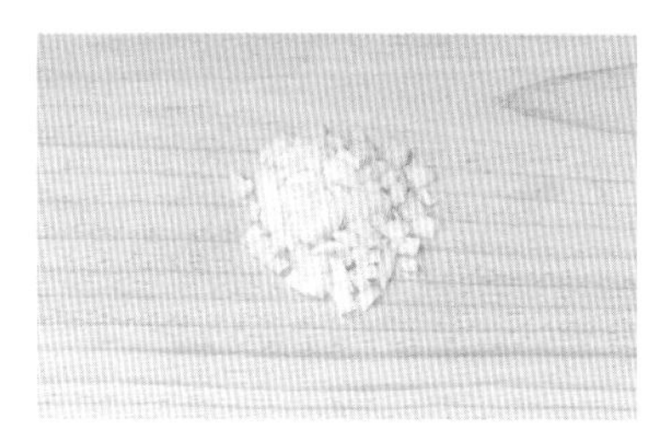

3. 양파는 잘게 다져주세요.

4. 참치, 스위트콘, 다진 양파에 소금 1숟가락, 마요네즈 4~5숟가락, 후춧가루를 넣어주세요.

5. 잘 섞이도록 골고루 버무려주세요.

Autumn

옥수수맛탕

달콤 쫀득한 맛탕

주재료

스위트콘 1캔(340g)

기본재료

- □ 튀김가루 깎아서 6숟가락
- □ 찬물 4숟가락
- □ 설탕 100g(소스용)
- □ 물 50ml(소스용)

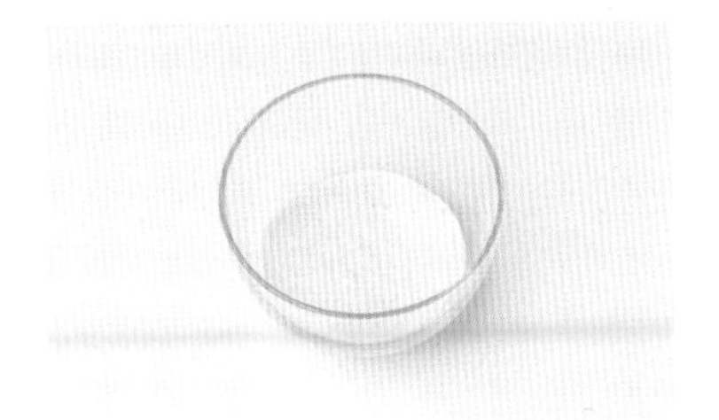

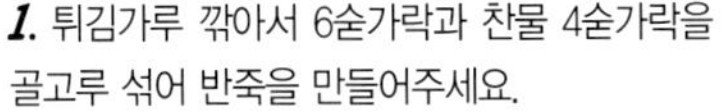

1. 튀김가루 깎아서 6숟가락과 찬물 4숟가락을 골고루 섞어 반죽을 만들어주세요.

tip 튀김가루와 물의 비율을 3 : 2로 하면 됩니다.

2. 스위트콘은 물기를 빼고 튀김 반죽에 섞어주세요.

3. 프라이팬에 식용유를 넉넉히 두르고 달군 다음 옥수수 반죽을 1숟가락씩 떠서 튀겨주세요.

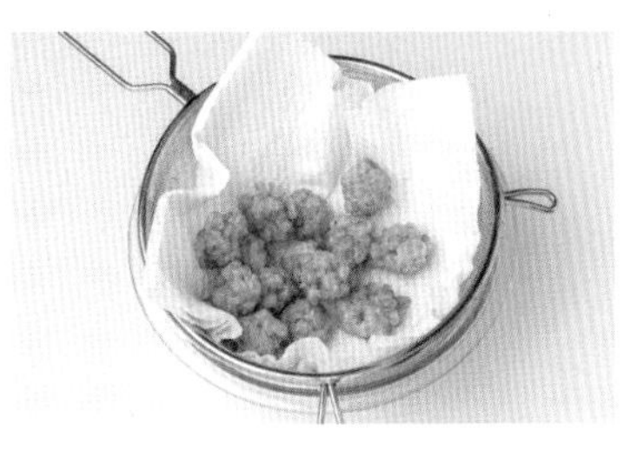

4. 옥수수튀김을 키친타월 또는 체에 올려 기름기를 빼주세요.

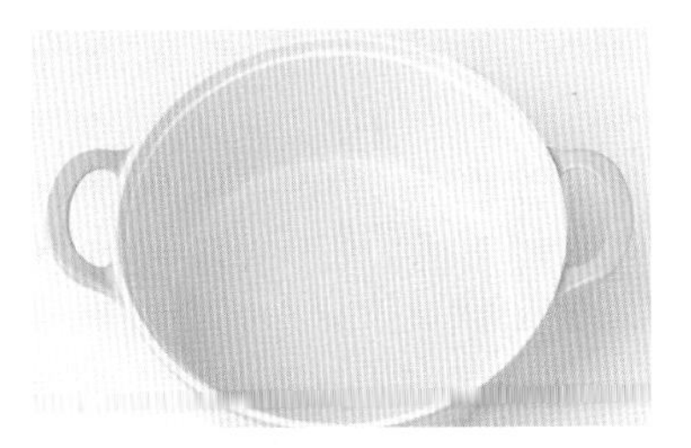

5. 설탕 100g과 물 50ml를 넣고 젓지 않은 상태에서 중약불에 끓여주세요.

tip 설탕과 물의 비율은 2 : 1이 적당합니다.

6. 소스가 끓으면 옥수수튀김을 넣고 골고루 버무린 후 달라붙지 않게 떨어트려서 식혀주세요.

tip 견과류 또는 검은깨를 뿌리면 보기에도 좋고 맛도 더욱 좋습니다.

양배추장아찌

김치 대신 먹을 수 있는 새콤 짭짤한 맛

15분

일주일 이상

주재료

양배추 ½통

기본재료

- □ 청양고추 2~3개
- □ 양파 1개
- □ 물 200ml
- □ 진간장 200ml
- □ 설탕 100ml
- □ 식초 100ml

1. 양배추는 꼭지 부분을 잘라내고 3cm 두께의 사각으로 썰어주세요.

2. 식초 1숟가락을 섞은 물에 양배추를 담가서 깨끗이 씻은 다음 물기를 빼주세요.

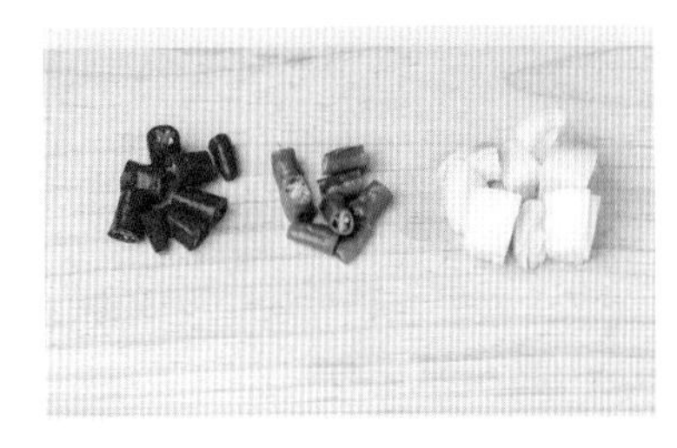

3. 청양고추와 홍고추, 양파를 2cm 두께로 썰어주세요.

4. 유리병에 양배추, 청양고추, 홍고추, 양파를 넣어주세요.

5. 물 200ml, 진간장 200ml, 설탕 100ml, 식초 100ml를 섞어서 끓여주세요.

6. 끓인 양념장을 유리병에 바로 부어주세요. 한 김 식힌 후 뚜껑을 덮어 하루 정도 숙성한 후 먹으면 됩니다.

tip 뜨거운 양념을 바로 부어야 더욱 아삭아삭한 장아찌가 됩니다.

양배추코울슬로

새콤하고 아삭한 맛

주재료

양배추 ¼통

햄 100g

기본재료

- □ 양파 ½개
- □ 마요네즈 듬뿍 3숟가락
- □ 설탕 1숟가락
- □ 식초 1숟가락
- □ 소금 1+½숟가락

1. 양배추는 심을 잘라내고 반으로 자른 다음 가늘게 채를 썬 후 소금 1숟가락을 넣고 골고루 섞어서 10~15분 절여주세요.

tip 채칼을 이용하면 편리합니다.

2. 양파는 2mm 두께로 채를 썰고, 햄은 양배추 크기에 맞춰 채를 썰어주세요.

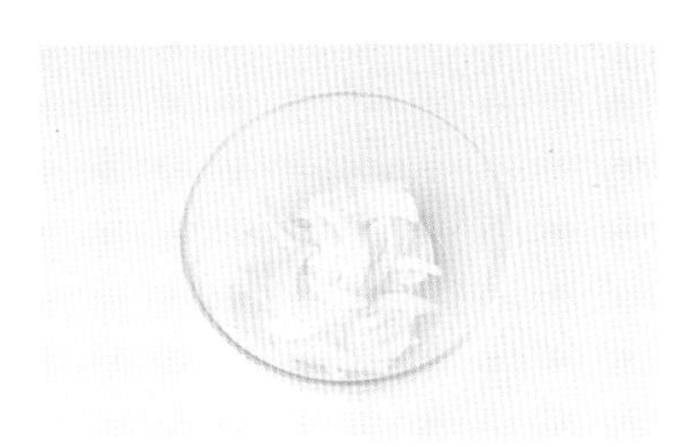

3. 양파에 소금 ½숟가락을 넣고 골고루 섞어서 절여주세요.

4. 절인 양배추와 양파의 물기를 빼주세요.

5. 절인 양배추와 양파, 햄에 설탕 1숟가락, 식초 1숟가락, 마요네즈 3숟가락을 넣어주세요.

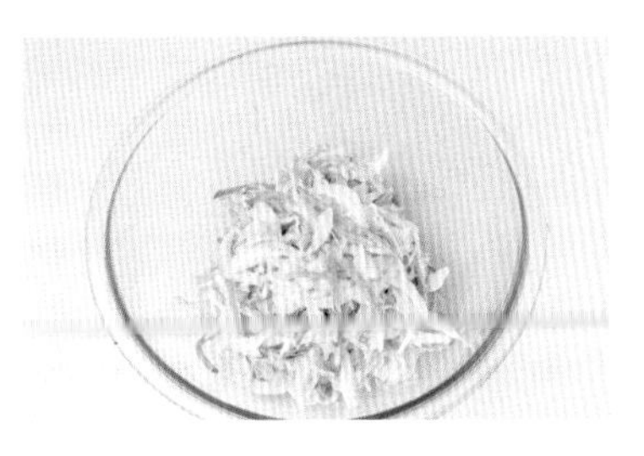

6. 소스가 잘 섞이도록 골고루 무쳐주세요.

tip 바로 먹는 것보다 실온에 하루 정도 두면 숙성되어 훨씬 맛있습니다.

Part 4.

온몸이 으슬으슬 추운 겨울에는 무엇보다 속이 든든해야 합니다. 닭복음탕, 꽁치김치찜, 돼지고기수육 등 말만 들어도 속이 꽉 차는 음식을 먹으며 추위를 따뜻하게 이겨내세요.

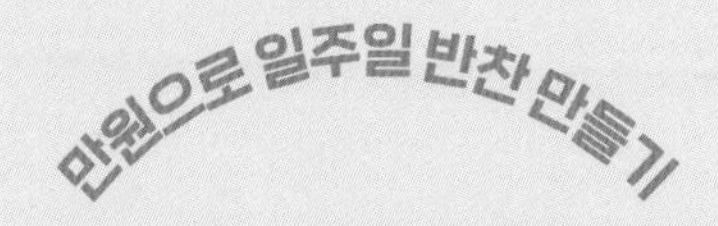

Winter First week

● 겨울 1주 장보기

요리명	장보기	수량	가격	기본재료
닭볶음탕	닭	1마리(1kg)	4,980	양파, 대파, 고춧가루, 진간장, 다진 마늘, 설탕, 후춧가루
감자채볶음	감자	3개	2,180(1kg)	양파, 다진 마늘, 소금, 후춧가루, 식용유
양파비빔장	양파	1개	2,380(4개)	대파, 청양고추, 진간장, 올리고당, 참기름, 고춧가루, 멸치액젓, 깨
콩나물매운무침	콩나물	1봉(300g)	1,200	대파, 고춧가루, 소금, 참기름, 깨
상추겉절이	상추	1봉(20장)	1,000	양파, 액젓(멸치액젓, 까나리액젓 등), 진간장, 다진 마늘, 고춧가루, 참기름, 깨
			11,740	

● 겨울 1주 재료 소개

닭

살이 분홍빛을 띠는 것이 신선한 닭이에요. 닭볶음탕용은 7~13호 사이의 닭을 고르면 됩니다. 인원수에 맞게 적당한 크기의 닭을 골라주세요.

감자

표면에 흠집이 적고 무거우면서 단단한 감자가 좋아요. 바람이 잘 통하는 곳에 보관하고 사과와 같이 보관하면 싹이 나는 것을 방지할 수 있어요.

양파

껍질이 윤이 나고 들어보았을 때 묵직한 느낌이 나는 것을 고릅니다. 신문지에 싸서 냉장 보관하면 오래 두고 먹을 수 있어요.

콩나물

머리와 줄기가 적당히 통통한 것을 골라주세요. 빛을 차단하기 위해 검은 비닐봉지에 넣어 밀봉해서 냉장 보관해주세요.

상추

쌈채소의 대표 주자 상추는 손바닥 크기 정도에 잎이 연한 것이 좋아요. 물에 5분 정도 담갔다가 흐르는 물에 깨끗이 씻어주세요.

닭볶음탕

얼큰한 국물에 밥을 비벼 먹어도 좋은 맛

30분

3일

주재료

닭 1마리(1kg)
감자 3개

기본재료

- 양파 1개
- 대파 1대
- 다진 마늘 1숟가락
- 고춧가루 4숟가락
- 진간장 7숟가락
- 설탕 1숟가락
- 후춧가루 조금
- 물 500ml

1. 냄비에 닭을 담고 잠길 정도로 찬물을 부어 한소끔 끓인 뒤 닭을 건져내서 찬물에 헹궈주세요.

tip 닭고기를 한 번 삶으면 불순물과 기름기가 제거됩니다.

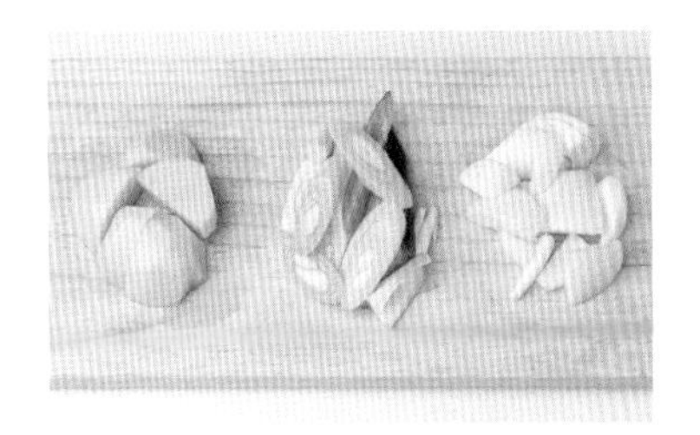

2. 감자와 양파는 4등분으로 큼직하게 썰고, 대파는 적당한 굵기로 어슷썰기를 해주세요.

3. 한 번 삶은 닭에 물 500ml, 감자, 설탕 1숟가락을 넣고 끓여주세요.

4. 다진 마늘 1숟가락, 고춧가루 4숟가락, 진간장 7숟가락, 양파 절반을 넣고 계속 끓여주세요.

5. 감자가 익으면 나머지 양파와 대파, 후춧가루를 넣고 뚜껑을 열어서 졸여주세요.

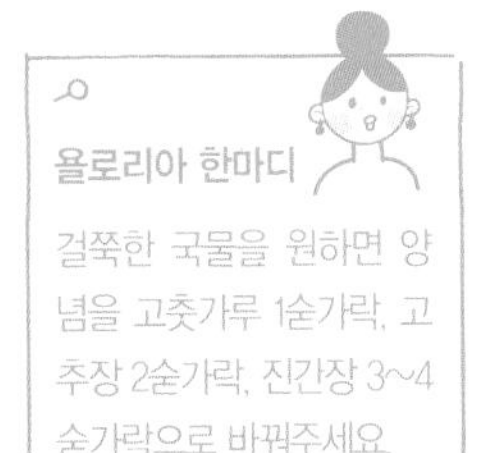

욜로리아 한마디

걸쭉한 국물을 원하면 양념을 고춧가루 1숟가락, 고추장 2숟가락, 진간장 3~4숟가락으로 바꿔주세요.

감자채볶음

멈출 수 없는 짭짤하고 고소한 맛

주재료

감자 2~3개

기본재료

- □ 양파 ½개
- □ 다진 마늘 ½숟가락
- □ 소금 ⅓숟가락
- □ 후춧가루 조금
- □ 식용유 3숟가락

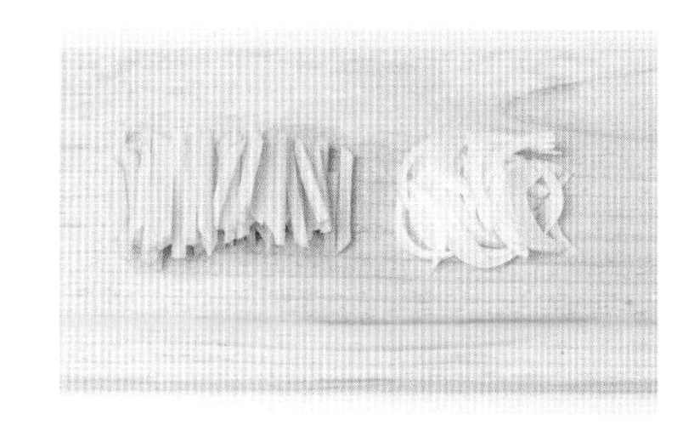

1. 감자와 양파는 5mm 두께로 채를 썰어주세요.

2. 채 썬 감자는 찬물에 담가주세요.

tip 찬물에 담가서 전분기를 빼줘야 볶을 때 끈적거리지 않아요.

3. 감자를 끓는 물에 1분 정도 삶은 후 물기를 빼주세요.

tip 전자레인지에 삶을 경우 채 썬 감자에 물을 붓고 3분만 돌립니다.

4. 식용유 3숟가락, 채 썬 양파, 다진 마늘 ½숟가락을 넣고 볶아주세요.

5. 양파가 반쯤 투명하게 익으면 감자를 넣고 볶아줍니다.

6. 소금 ⅓숟가락, 후춧가루를 넣고 살살 섞으면서 골고루 간을 맞춥니다.

양파비빔장

자꾸만 밥을 비벼 먹고 싶은 맛

10분

7일

주재료

양파 1개

기본재료

- □ 대파 ½대
- □ 청양고추 1~2개
- □ 진간장 3숟가락
- □ 멸치액젓 1숟가락
- □ 고춧가루 2숟가락
- □ 올리고당 1숟가락
- □ 참기름 1숟가락
- □ 깨 1숟가락

1. 양파를 4등분한 다음 잘게 썰어주세요.

tip 씹히는 식감이 중요해서 다지는 것보다는 조금 크게 썰어주세요.

2. 대파와 청양고추는 4등분한 후 잘게 다져주세요.

3. 잘게 썬 양파, 다진 대파와 청양고추, 진간장 3숟가락, 멸치액젓 1숟가락, 고춧가루 2숟가락, 올리고당 1숟가락, 참기름 1숟가락을 넣고 살살 섞어주세요.

4. 깨 1숟가락을 넣고 섞어주세요.

tip 마른 김을 잘게 부숴서 섞으면 더 맛있어요.

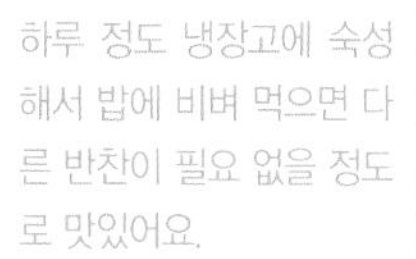

욜로리아 한마디

하루 정도 냉장고에 숙성해서 밥에 비벼 먹으면 다른 반찬이 필요 없을 정도로 맛있어요.
고기 구워 먹을 때 곁들이면 느끼한 맛을 잡아줍니다.

Winter

콩나물매운무침

아삭아삭 매콤한 밥도둑

주재료

콩나물 1봉(300g)

기본재료

- □ 대파 ½대
- □ 고춧가루 1숟가락
- □ 참기름 1숟가락
- □ 소금 ½+⅓숟가락
- □ 깨 1숟가락
- □ 물 200ml

1. 콩나물은 깨끗이 씻어서 준비해주세요.

2. 냄비에 물 200ml, 소금 ½숟가락, 콩나물을 넣고 삶아주세요.

3. 물이 끓고 1분 지나면 콩나물을 건져서 물기를 빼주세요.

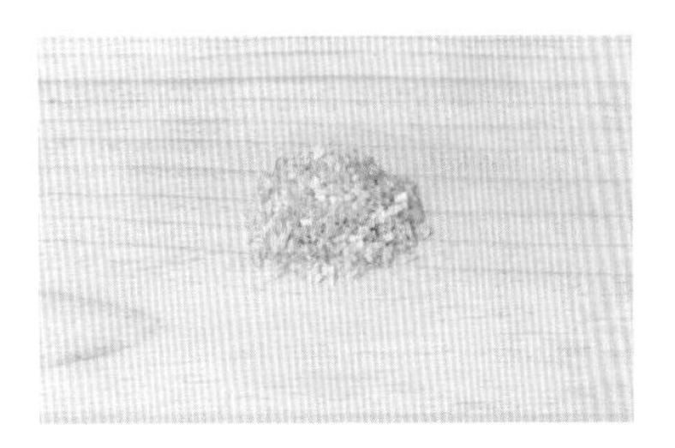

4. 대파는 잘게 다져주세요.

5. 삶은 콩나물에 다진 대파, 고춧가루 1숟가락, 참기름 1숟가락, 소금 ⅓숟가락을 넣고 가볍게 섞어주세요.

6. 깨 1숟가락을 넣고 섞으면 더욱 고소합니다.

욜로리아 한마디

콩나물의 비린내를 없애려면 처음부터 뚜껑을 열거나 덮고 삶아야 합니다. 끓는 중간에 뚜껑을 열었다 닫았다 하면 비린내가 납니다. 처음부터 뚜껑을 덮고 끓이면 삶는 시간을 줄일 수 있습니다.

상추겉절이

입맛이 돌아오는 새콤 매콤한 맛

10분

2일

주재료

상추 1봉(20장)

기본재료

- □ 양파 ¼개
- □ 진간장 1숟가락
- □ 액젓 1숟가락(멸치액젓, 까나리액젓 등)
- □ 다진 마늘 ½숟가락
- □ 고춧가루 1.5숟가락
- □ 참기름 1숟가락
- □ 깨 1숟가락

1. 상추는 깨끗이 씻어서 물기를 최대한 털어주세요.

2. 상추를 길게 반으로 자른 후 4등분해주세요. 손으로 찢어도 됩니다.

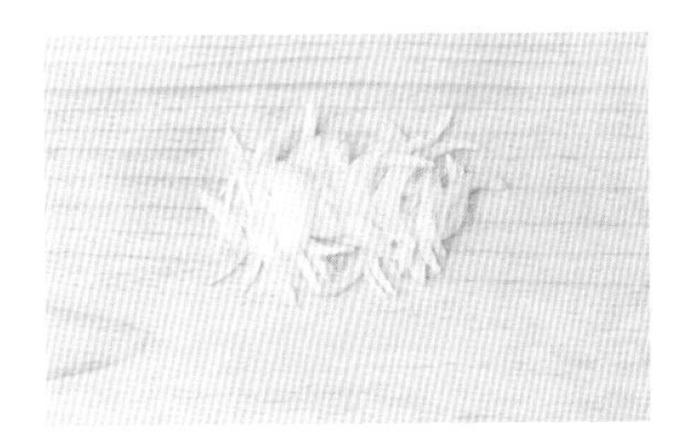

3. 양파는 3mm 두께로 채를 썰어주세요.

4. 진간장 1숟가락, 액젓 1숟가락, 다진 마늘 ½숟가락, 고춧가루 1.5숟가락, 참기름 1숟가락을 섞어서 양념장을 만들어주세요.

5. 상추와 채 썬 양파에 양념장을 조금씩 넣어가며 버무려주세요.

6. 마지막으로 깨 1숟가락을 뿌려주세요.

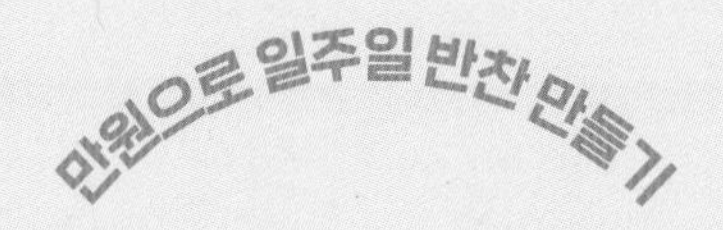

Winter Second week

● 겨울 2주 장보기

요리명	장보기	수량	가격	기본재료
꽁치김치찜	꽁치통조림	1캔	2,980	김치, 양파, 대파, 청양고추
연근조림	연근	200g	2,500	진간장, 물엿, 식초
달걀만두	달걀	4개	2,780(10개)	대파, 소금
	팽이버섯	⅓봉	–	
팽이버섯냉채	팽이버섯	⅔봉	900(1봉)	대파, 소금, 설탕, 식초
	달걀	1개	–	
굴소스숙주볶음	숙주	1봉(200g)	1,480	대파, 청양고추, 다진 마늘, 굴소스, 식용유
			10,640	

● 겨울 2주 재료 소개

꽁치통조림

유통기한이 길어서 비상 식량으로 구비해두면 좋아요. 꽁치통조림은 가시를 바를 필요 없이 부드러워서 남녀노소 누구에게나 좋은 식품이에요.

연근

비타민C가 풍부한 연근은 겉모양이 길고 굵은 것이 좋아요. 들어보았을 때 무겁고 마디 끝에 구멍이 없는 것을 골라주세요.

달걀

달걀에는 셀레늄, 리소자임, 레시틴 등 다양한 영양 성분이 골고루 들어 있어 노화 방지, 면역력 향상, 치매 예방 등에 효과가 있어요.

팽이버섯

가격도 저렴하고 어디서나 구하기 쉬운 팽이버섯은 상처가 없고 갓이 우산형으로 둥글며 만져보았을 때 조직이 단단한 것이 좋아요.

숙주

뿌리가 무르지 않고 잔뿌리가 없는 것이 좋아요. 노란 꽃잎이 많이 있거나 살이 찌고 통통한 숙주는 좋지 않으니 피해주세요.

꽁치김치찜

얼큰한 감칠맛이 자꾸 당기는 맛

20분

4일

주재료

꽁치통조림 1캔(400g)

기본재료

- □ 김치 ½포기 (큰 배추는 ¼포기)
- □ 김치 국물 1국자
- □ 양파 ½개
- □ 대파 ½대
- □ 청양고추 1개
- □ 물 300ml

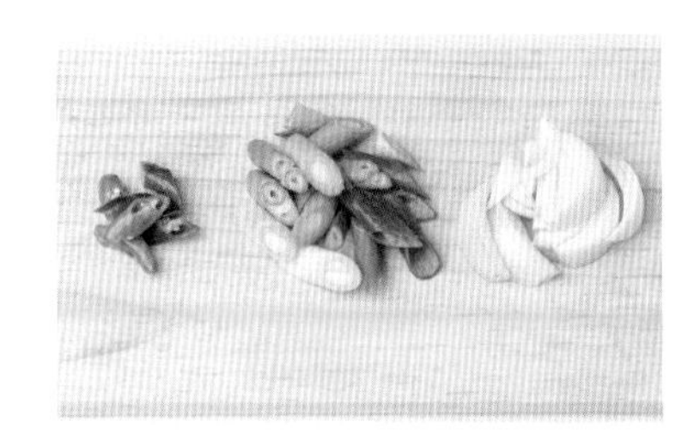

1. 양파, 대파, 청양고추를 1cm 두께로 썰어주세요.

2. 김치를 5cm 길이로 잘라주세요.

tip 김치 꼭지 부분을 넣으면 시원하고 깊은 맛을 냅니다.

3. 냄비에 썰어놓은 김치와 김치 국물 1국자를 넣어주세요.

4. 꽁치통조림 국물을 버리고 꽁치만 냄비에 넣어주세요.

5. 썰어놓은 양파와 물 300ml를 넣고 끓여주세요.

6. 꽁치찜이 끓으면 청양고추와 대파를 넣고 5분 정도 끓인 후 약불로 줄이고 10분 정도 졸여주세요.

tip 국물을 충분히 졸여야 김치의 깊은 맛이 우러납니다.

연근조림

단짠단짠 아삭한 맛

주재료

연근 200g

기본재료

- □ 진간장 50ml
- □ 물 100ml
- □ 물엿 50ml
- □ 식초 1숟가락(떫은맛 없애는 용도)

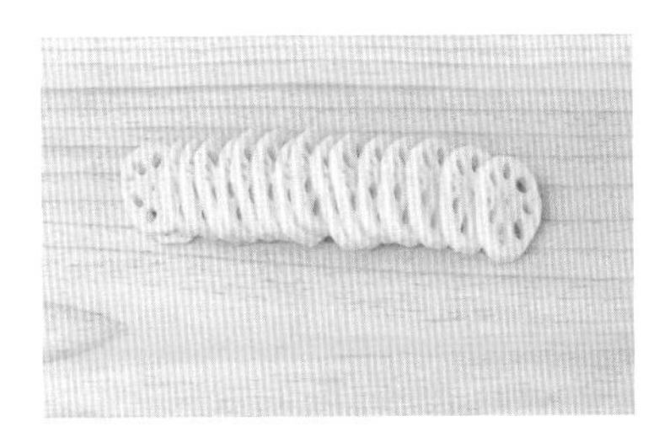

1. 연근은 껍질을 필러로 벗기고 5mm 두께로 썰어주세요.

2. 연근이 잠길 정도로 물을 붓고 식초 1숟가락을 섞어서 10분 정도 담가 떫은맛을 빼주세요.

3. 연근을 물에 한 번 헹구고, 진간장 50ml, 물 100ml, 물엿 50ml를 넣고 끓여주세요.

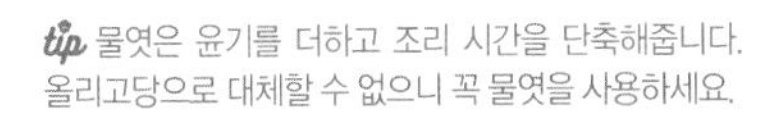

tip 물엿은 윤기를 더하고 조리 시간을 단축해줍니다. 올리고당으로 대체할 수 없으니 꼭 물엿을 사용하세요.

4. 양념이 끓으면 뚜껑을 열고 자작해질 때까지 충분히 졸여주세요.

달걀만두

조금 색다른 달걀 부침

주재료

달걀 4개
팽이버섯 ⅓봉

기본재료

- □ 대파 ⅓대
- □ 소금 ⅓숟가락

1. 달걀에 소금 ⅓숟가락을 넣고 골고루 풀어주세요.

2. 팽이버섯은 밑동을 잘라낸 후 2cm 길이로 썰고, 대파는 4등분한 후 잘게 다져주세요.

3. 달걀에 팽이버섯과 다진 대파를 섞어주세요.

tip 냉장고에 남아 있는 홍고추 또는 당근을 다져 넣으면 색깔도 예쁘고 더욱 맛있습니다.

4. 프라이팬을 달군 다음 약불로 줄이고 달걀 반죽을 1숟가락씩 동그랗게 올려 부쳐주세요.

5. 달걀 반죽이 반쯤 익으면 만두 모양으로 반을 접어서 마저 익힙니다.

팽이버섯냉채

새콤 달콤 식사 전 입맛을 돋우는 맛

주재료

팽이버섯 ⅔봉
달걀 1개

기본재료

- □ 대파 ¼대
- □ 설탕 ½숟가락
- □ 식초 2숟가락
- □ 소금 1꼬집

1. 팽이버섯은 밑동을 잘라 씻어주세요.

2. 끓는 물에 팽이버섯을 15초 정도 데친 후 물기를 꽉 짜주세요.

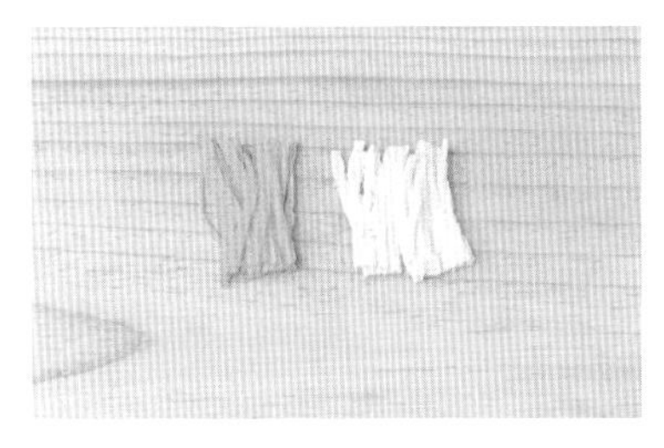

3. 달걀은 흰자와 노른자를 분리해 따로 부친 후 채를 썰어주세요.

4. 대파는 잘게 다져주세요.

5. 설탕 ½숟가락, 식초 2숟가락, 소금 1꼬집을 섞어 소스를 만들어주세요.

6. 팽이버섯, 달걀, 다진 대파, 소스를 골고루 섞어주세요.

굴소스숙주볶음

굴소스 향이 어우러진 아삭한 맛

주재료

숙주 1봉(300g)

기본재료

- □ 대파 ⅓대
- □ 다진 마늘 ⅓숟가락
- □ 청양고추 1개
- □ 굴소스 2숟가락
- □ 식용유 2숟가락

1. 숙주는 깨끗이 씻어서 물기를 충분히 빼주세요.

2. 대파는 송송 썰고, 청양고추는 1mm 두께로 어슷썰기를 해주세요.

3. 프라이팬에 식용유 2숟가락, 다진 마늘 ⅓숟가락, 숙주를 넣고 볶아주세요.

4. 숙주의 숨이 죽기 시작할 때 굴소스 2숟가락을 넣고 볶아주세요.

5. 대파와 청양고추를 넣고 한 번 더 볶아주세요.

● 겨울 3주 장보기

요리명	장보기	수량	가격	기본재료
돼지고기수육	돼지고기 앞다리살	600g	7,500	된장, 마늘, 양파, 대파, 청양고추, 맛술, 후춧가루
보쌈무	무	⅔개	1,380	대파, 소금, 물엿, 멸치액젓, 진간장, 고춧가루, 다진 마늘, 올리고당
무나물	무	⅓개	–	대파, 들기름, 소금, 다진 마늘, 멸치액젓
시금치나물	시금치	1단(200g)	1,980	참기름, 소금, 다진 마늘, 깨, 국간장
두부조림	두부	1모(300g)	1,000	대파, 양파, 진간장, 다진 마늘, 물엿
			11,860	

● 겨울 3주 재료 소개

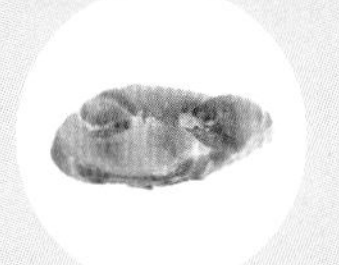

돼지고기 앞다리살

앞다리살은 저렴한 가격으로 활용도가 높은 부위예요. 연분홍색을 띠고 지방이 적당히 있는 것을 골라주세요.

무

상처가 없고 들었을 때 단단하고 묵직한 느낌이 드는 것이 좋아요. 녹색과 흰색의 경계 부분이 뚜렷한 무를 골라주세요.

시금치

철분과 엽산이 많이 함유되어 빈혈에 좋은 시금치는 길이가 짧고 뿌리가 선명한 붉은색을 띠는 것이 좋아요.

두부

구입 후 빨리 먹는 것이 가장 좋지만 남았다면 밀폐용기에 물과 소금을 넣고 두부를 담가서 보관하는 것이 좋아요.

돼지고기수육

보쌈무와 함께 먹으면 환상적인 맛

50분

3일

주재료

돼지고기 앞다리살 600g

기본재료

- □ 된장 1숟가락
- □ 마늘 3개
- □ 양파 ½개
- □ 대파 1대
- □ 청양고추 2개
- □ 맛술 50ml
- □ 후춧가루 조금
- □ 물 500ml

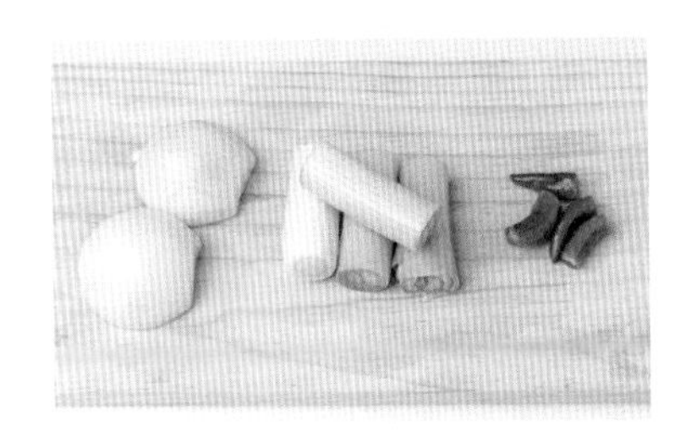

1. 대파는 4등분하고, 양파와 청양고추는 반으로 잘라주세요.

2. 물 500ml에 된장 1숟가락, 양파, 대파, 청양고추, 마늘 3개를 넣고 끓여주세요.

tip 된장은 돼지고기의 잡내를 없애줍니다. 된장이 없다면 인스턴트커피를 넣어도 됩니다.

3. 물이 끓으면 맛술 50ml, 후춧가루 조금, 돼지고기를 넣고 삶아주세요.

4. 돼지고기를 넣고 나서 물이 팔팔 끓으면 중불로 줄여서 30분 정도 삶아줍니다.

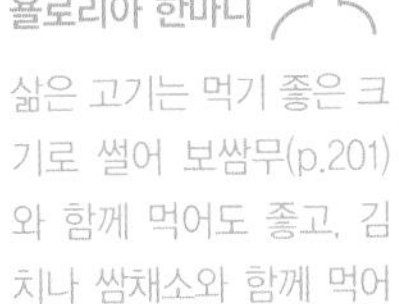

욜로리아 한마디

삶은 고기는 먹기 좋은 크기로 썰어 보쌈무(p.201)와 함께 먹어도 좋고, 김치나 쌈채소와 함께 먹어도 좋습니다.

보쌈무

꼬들꼬들 매콤 달콤한 맛

15분
+1시간(절이기)

일주일 이상

주재료

무 ⅔개

기본재료

- □ 대파 ½대
- □ 소금 1숟가락
- □ 물엿 200ml
- □ 고춧가루 5숟가락
- □ 다진 마늘 1숟가락
- □ 멸치액젓 1숟가락
- □ 진간장 3숟가락
- □ 올리고당 2숟가락

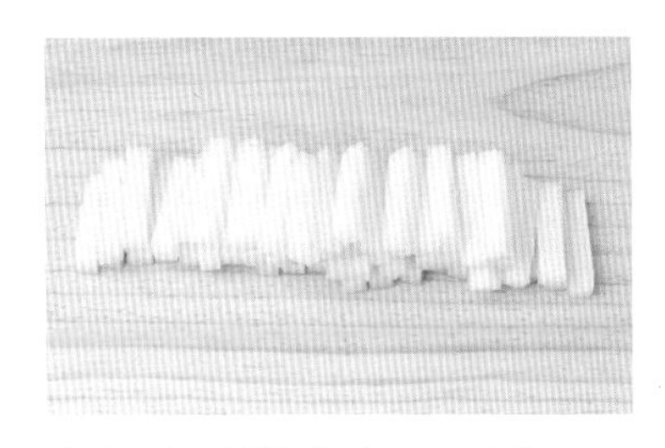

1. 무는 깨끗이 씻은 후 가로 5cm 두께 1cm 크기로 잘라주세요.

2. 무에 소금 1숟가락, 물엿 200ml를 넣고 버무려 1시간 동안 절여주세요.

tip 물엿에 절이면 수분이 쫙 빠져서 보쌈무의 꼬들꼬들한 식감을 살릴 수 있습니다.

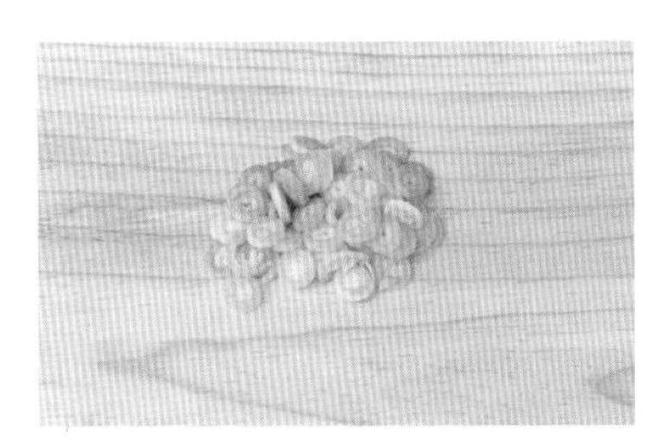

3. 대파는 동그랗게 송송 썰어주세요.

4. 절인 무를 꽉 짜서 물기를 제거하고 고춧가루 2숟가락을 넣어 버무려주세요. 무에 색을 입히는 것입니다.

5. 고춧가루 3숟가락, 다진 마늘 1숟가락, 멸치액젓 1숟가락, 진간장 3숟가락, 올리고당 2숟가락을 골고루 섞어서 무에 넣고 버무려주세요.

6. 싱거우면 멸치액젓이나 소금을 조금 더 넣어서 간을 맞추고, 마지막에 송송 썬 대파를 넣고 살짝 섞어주세요.

무나물

들기름의 고소함과 무의 시원한 맛

주재료

무 ⅓개

기본재료

- □ 대파 1대
- □ 들기름 2숟가락
- □ 소금 ½숟가락
- □ 다진 마늘 ½숟가락
- □ 멸치액젓 1숟가락
- □ 물 50ml

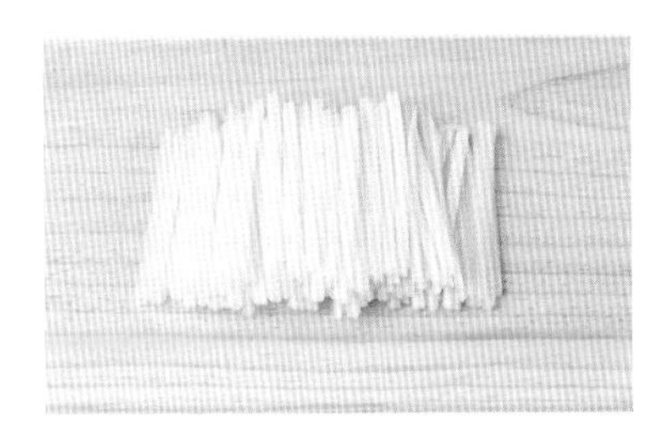

1. 무는 깨끗이 씻은 후 2mm 두께로 채를 썰어주세요.

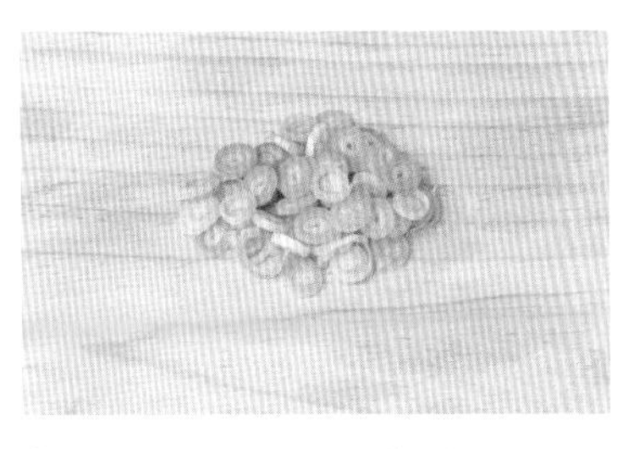

2. 대파는 동그랗게 송송 썰어주세요.

3. 프라이팬에 채 썬 무, 들기름 2숟가락, 소금 ½숟가락을 넣고 2분 정도 볶아주세요.

4. 약불로 줄이고 물 50ml, 다진 마늘 ½숟가락, 멸치액젓 1숟가락을 넣고 한 번 더 볶아주세요.

5. 송송 썬 대파를 넣고 뚜껑을 덮어서 10분간 익혀줍니다.

시금치나물

고소하고 상큼한 맛

10분

3일

주재료

시금치 1단(200g)

기본재료

- □ 참기름 ½숟가락
- □ 국간장 ½숟가락
- □ 다진 마늘 ⅓숟가락
- □ 소금 ½숟가락
- □ 깨 1숟가락

1. 시금치는 꼭지를 따고 다듬어서 깨끗이 씻어주세요.

2. 끓는 물에 소금 ½숟가락을 넣고 시금치를 30초 정도 데쳐주세요.

3. 데친 시금치를 찬물에 헹군 후 물기를 꽉 짜주세요.

4. 시금치에 참기름 ½숟가락, 국간장 ½숟가락, 다진 마늘 ⅓숟가락을 넣고 버무려주세요. 싱거우면 소금을 조금 넣어 간을 맞춥니다.

5. 깨 1숟가락을 넣어 살짝 섞어주세요.

두부조림

단짠단짠 부드러운 맛

주재료

두부 1모(300g)

기본재료

- □ 대파 ½대
- □ 양파 ½개
- □ 진간장 4숟가락
- □ 물엿 1숟가락
- □ 다진 마늘 1숟가락
- □ 물 100ml

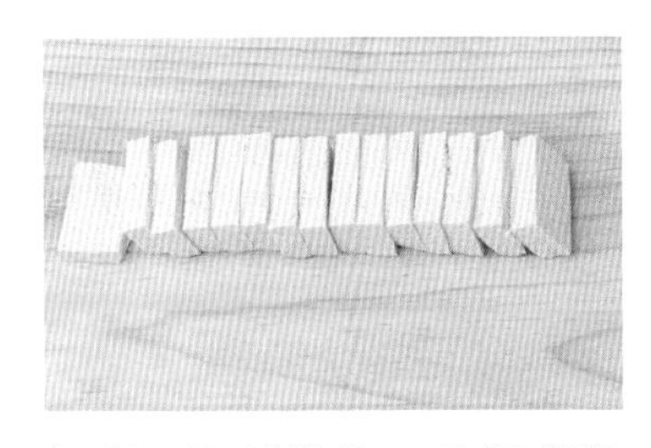

1. 두부 1모를 3등분한 후 1cm 두께로 썰어주세요.

2. 양파는 채를 썰고, 대파는 잘게 다져주세요.

3. 진간장 4숟가락, 물엿 1숟가락, 다진 마늘 1숟가락, 물 100ml를 섞어서 양념장을 만들어주세요.

4. 프라이팬에 식용유를 두르고 중불에 두부를 노릇노릇 부쳐주세요.

5. 프라이팬에 양념장 절반과 채 썬 양파를 깔고 부친 두부를 가지런히 펼쳐서 올린 다음 양념장을 마저 뿌려서 중불에 5분 정도 조려주세요.

6. 양념이 충분히 졸여지면 다진 대파를 올리고 약불로 2분 더 조려주세요.

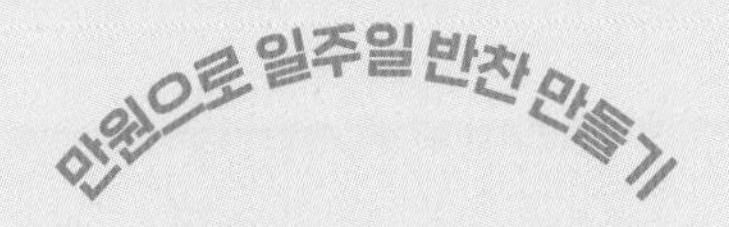

Winter Fourth week

● 겨울 4주 장보기

요리명	장보기	수량	가격	기본재료
배추겉절이	배추	⅔통	3,000	대파, 양파, 청양고추, 액젓, 꽃소금, 밀가루, 고춧가루, 다진 마늘
우거지된장무침	배추 겉잎	4~5장	–	양파, 청양고추, 된장, 다진 마늘, 참기름, 매실액, 국물용 멸치
미역줄기볶음	미역줄기	300g	2,280	양파, 들기름, 다진 마늘, 청양고추(또는 홍고추), 식용유
소시지양파볶음	비엔나소시지	150g	1,980	양파, 케첩, 설탕, 다진 마늘, 올리고당, 깨
왕달걀말이	달걀	5개 이상	2,780(10개)	대파, 양파, 햄, 소금
			10,040	

● 겨울 4주 재료 소개

배추

겉잎이 두껍고 진한 녹색을 띠고 들었을 때 묵직한 느낌이 드는 것이 좋아요. 너무 큰 배추는 피해주세요.

미역줄기

식이섬유가 많이 함유된 미역줄기는 광택이 돌고 녹색이 짙은 것이 좋아요. 만졌을 때 탄력 있는 것을 골라주세요.

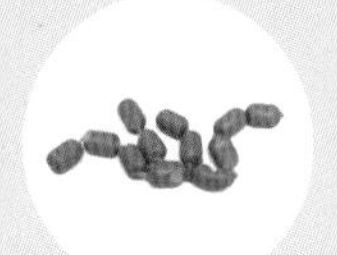

소시지

전 국민의 반찬 소시지, 볶아 먹어도 좋고 데쳐 먹어도 좋아요. 유통기한이 많이 남아 있고 고기 함량이 높은 제품을 골라주세요.

달걀

신선한 달걀을 오래 보관하려면 뾰족한 부분이 아래로 향하도록 세워두세요. 달걀의 둥근 부분에는 기실이라는 숨구멍이 있기 때문이에요.

배추겉절이
매콤 아삭 시원한 그 맛
30분
+1시간(절이기)
일주일 이상

주재료

배추 ⅔통

기본재료

- □ 양파 1개
- □ 대파 1대
- □ 청양고추 2개
- □ 고춧가루 4숟가락
- □ 멸치액젓 3숟가락
- □ 다진 마늘 1숟가락
- □ 꽃소금 3숟가락(절임용)
- □ 물 200ml
- □ 밀가루 듬뿍 1숟가락

1. 배추는 겉잎을 떼어내고 4등분으로 잘라주세요.

2. 배추에 꽃소금 3숟가락을 넣고 살짝 버무린 다음 1시간 동안 절여주세요.

tip 중간에 한 번씩 뒤적여야 골고루 절여집니다.

3. 냄비에 물 200ml, 밀가루 듬뿍 1숟가락을 넣고 약불에 계속 저어가며 밀가루풀을 끓여주세요. 한 번 끓으면 곧바로 불을 끄고 저어주세요.

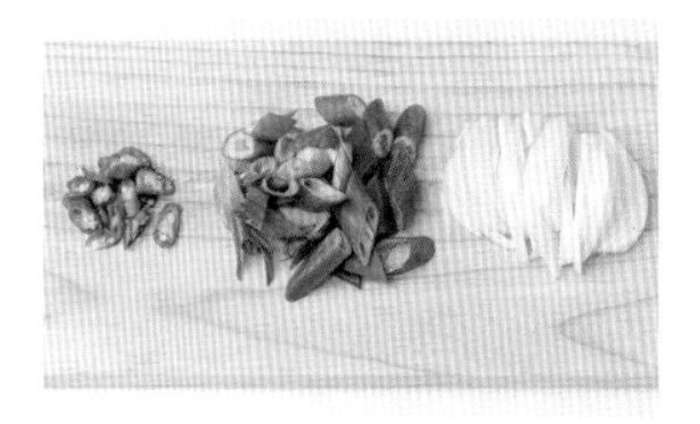

4. 양파는 3mm 두께로 채를 썰고, 대파와 청양고추는 굵게 어슷썰기를 해주세요.

5. 절인 배추는 체에 걸러서 물기를 완전히 빼주세요.

6. 절인 배추에 양파, 대파, 청양고추, 고춧가루 4숟가락, 멸치액젓 3숟가락, 다진 마늘 1숟가락, 밀가루풀 200ml를 넣고 골고루 버무려주세요.

우거지된장무침

된장의 구수함과 배추의 시원함이 어우러진 맛

주재료

배추 겉잎 4~5장

기본재료

- ▫ 양파 1개
- ▫ 청양고추 2개
- ▫ 된장 2숟가락
- ▫ 다진 마늘 ½숟가락
- ▫ 매실액 1숟가락
- ▫ 참기름 1숟가락
- ▫ 국물용 멸치 1줌

1. 배추 겉잎을 길쭉하게 잘라서 깨끗이 씻어주세요.

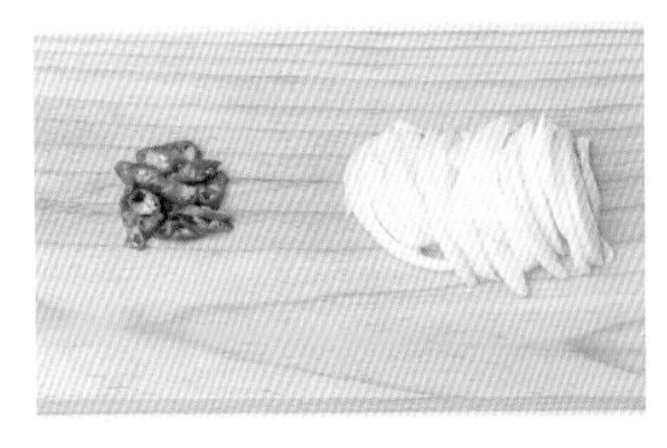

2. 양파는 2mm 두께로 채를 썰고, 청양고추도 비슷한 두께로 어슷썰기를 해주세요.

3. 물 500ml에 멸치 1줌을 넣고 육수를 끓여주세요.

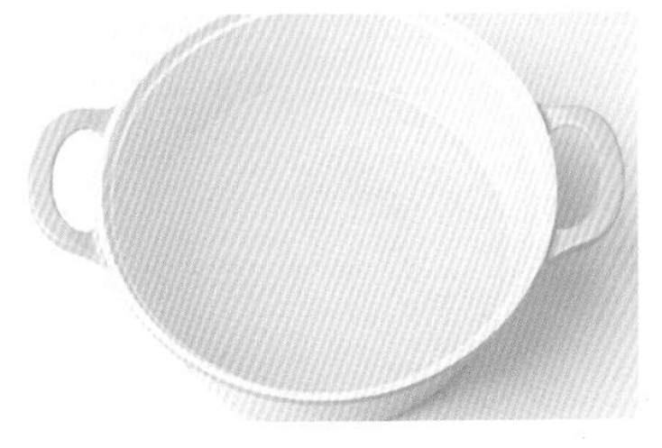

4. 멸치를 건져낸 육수에 배추를 넣고 8분 정도 삶아주세요. 육수는 버리지 않고 사용할 거예요.

5. 삶은 배추를 건져서 찬물에 헹군 다음 물기를 빼고 된장 2숟가락, 다진 마늘 ½숟가락, 매실액 1숟가락, 참기름 1숟가락을 넣고 버무려주세요.

6. 남겨둔 육수 100ml에 양념한 배추, 양파, 청양고추를 넣고 국물이 자박해질 때까지 끓여주세요.

미역줄기볶음

바다 내음 가득한 맛이 일품

25분

7일

주재료

미역줄기 300g

기본재료

- □ 양파 ½개
- □ 들기름 2숟가락
- □ 다진 마늘 ½숟가락
- □ 청양고추(또는 홍고추) 1개
- □ 식용유 1숟가락

1. 미역줄기는 빨래하듯이 박박 문질러서 3~4번 씻은 후 물에 10분 정도 담가두세요.

tip 미역줄기는 소금에 절여 있기 때문에 소금기를 충분히 빼야 먹을 수 있어요.

2. 소금기를 뺀 미역줄기는 물기를 꽉 짜고 5cm 길이로 잘라주세요.

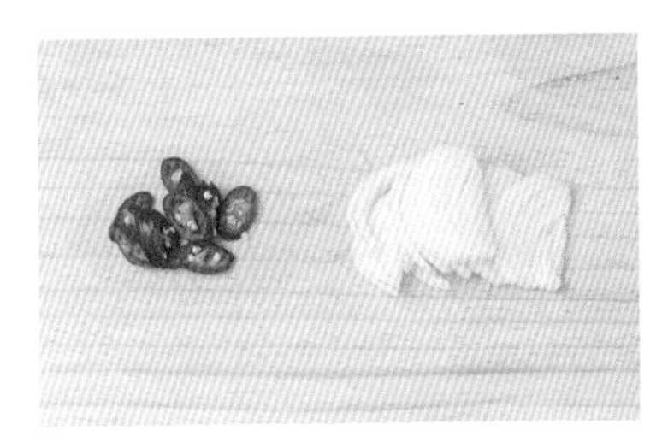

3. 양파는 2mm 두께로 채를 썰고, 청양고추(또는 홍고추)는 어슷썰기를 해주세요.

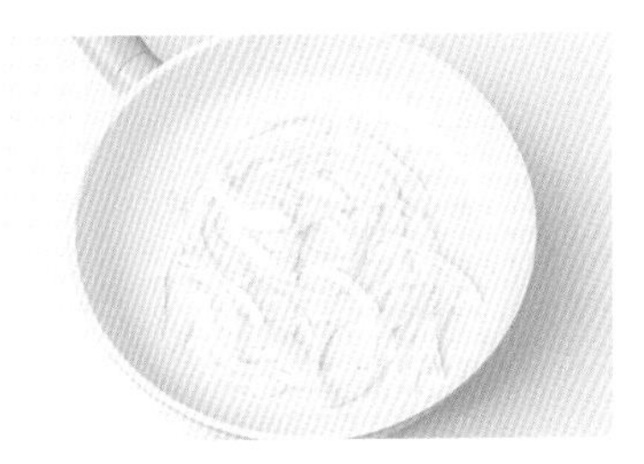

4. 프라이팬에 식용유 1숟가락을 두르고 채 썬 양파를 볶아주세요.

5. 양파가 투명해지면 미역줄기, 청양고추, 들기름 2숟가락, 다진 마늘 ½숟가락을 넣고 3~4분 볶아주세요.

소시지양파볶음

숱안주 또는 아이 반찬으로 그만

주재료

비엔나소시지 150g

기본재료

- □ 양파 ½개
- □ 설탕 1숟가락
- □ 케첩 3숟가락
- □ 다진 마늘 ⅓숟가락
- □ 올리고당 1숟가락
- □ 깨 1숟가락

1. 소시지는 칼집을 내주세요.

tip 끓는 물에 한 번 데쳐서 첨가물을 제거하면 더욱 좋습니다.

2. 양파는 적당한 크기로 깍둑썰기를 해주세요.

3. 프라이팬에 식용유 2숟가락을 두르고 양파와 소시지를 볶다가 설탕 1숟가락, 케첩 3숟가락, 다진 마늘 ⅓숟가락을 넣고 한 번 더 볶아주세요.

4. 올리고당 1숟가락을 넣고 섞은 다음 깨 1숟가락을 뿌려 살짝 버무려주세요.

tip 당근이나 파프리카를 넣으면 더욱 먹음직스러운 소시지양파볶음이 됩니다.

왕달걀말이

젓가락이 저절로 가는 맛

15분

3일

주재료

달걀 5개 이상

기본재료

- □ 대파 ½대
- □ 양파 ¼개
- □ 햄 30g
- □ 소금 ¼숟가락
- □ 물 50ml

1. 대파, 양파, 햄을 잘게 다져주세요.

2. 달걀 5개, 물 50ml, 소금 ¼숟가락을 충분히 섞어주세요.

tip 달걀을 많이 저을수록 부드러운 달걀말이를 만들 수 있어요.

3. 달걀물에 다진 대파, 양파, 햄을 넣고 골고루 섞어주세요.

4. 프라이팬에 식용유를 두르고 충분히 달군 후 약불에 달걀물을 조금씩 부어가면서 말아주세요.

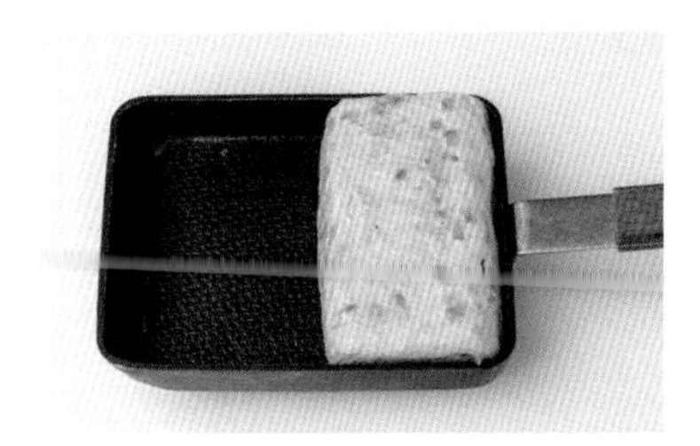

5. 한 번 말고 나서 달걀물을 붓고 다시 마는 과정을 반복하면 충분히 익으면서 큼직한 달걀말이가 완성됩니다.

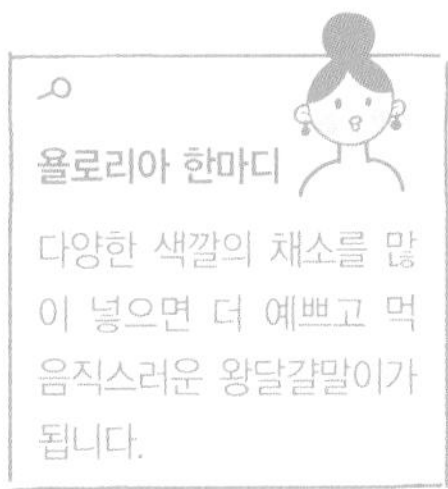

욜로리아 한마디

다양한 색깔의 채소를 많이 넣으면 더 예쁘고 먹음직스러운 왕달걀말이가 됩니다.

Special part.

유튜브 구독자가 원한

욜로리아 1품 1만원 레시피

* 밥 · 국 · 찌개 · 일품 요리 *

25분

가지밥

가지의 쫀득함과 짭짤한 양념장이 어우러진 맛

주재료

쌀 2컵(쌀계량컵 160ml 기준)
가지 2개
다진 돼지고기 100g

기본재료

- □ 대파 1대
- □ 다진 마늘 ½숟가락
- □ 진간장 5~6숟가락
- □ 깨 ½숟가락
- □ 참기름 1숟가락
- □ 식용유 2숟가락
- □ 소금 ⅙숟가락
- □ 후춧가루 조금
- □ 맛술 1숟가락

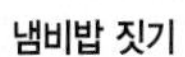

냄비밥 짓기

1. 쌀을 씻어서 냄비에 담고 손등 절반 높이까지(약 1.3cm) 물을 맞춘 후 30분 정도 불려주세요.

2. 센 불에 올려 밥물이 끓으면 중불보다 조금 약하게 맞추고 10~12분 끓여주세요.

3. 뚜껑을 살짝 열고 5~7분 정도 아주 약한 불에 뜸을 들여주세요.(혹시라도 중간에 탄 냄새가 나면 바로 불을 꺼주세요.)

4. 밥 위에 물기가 없고 윤기가 나면 골고루 섞어줍니다.

tip 밥물이 끓어 넘칠 수 있으니 넉넉한 크기의 냄비를 사용하세요.

1. 쌀 2컵을 씻어서 냄비밥을 지어주세요.

2. 다진 돼지고기 100g에 소금 ⅙, 후춧가루 조금, 맛술 1숟가락을 넣고 조물조물 섞어서 밑간을 해주세요.

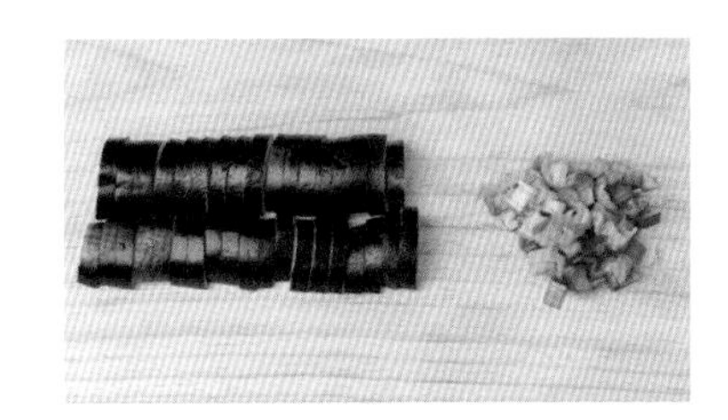

3. 대파는 길게 반으로 잘라 송송 썰고, 가지는 반으로 잘라 0.5cm 두께로 반달썰기를 해주세요.

4. 프라이팬에 식용유 2숟가락을 두르고 송송 썬 대파 절반을 먼저 볶다가 재워둔 돼지고기를 넣고 볶아주세요.

5. 돼지고기가 익으면 가지와 진간장 1숟가락을 넣고 볶아주세요. 가지는 푹 익히지 않고 살짝 볶아야 합니다.

6. 밥물이 끓으면 불을 최대한 줄인 다음 볶은 돼지고기와 가지를 올리고 뚜껑을 살짝 열어서 뜸을 들여주세요.

7. 남은 대파 절반, 다진 마늘 ½숟가락, 진간장 4~5숟가락, 깨 ½숟가락, 참기름 1숟가락을 섞어 양념장을 만들어주세요.

8. 밥이 완성되면 돼지고기와 가지를 밥과 함께 살살 섞어서 그릇에 담고 양념장에 비벼서 먹습니다.

30분

콩나물주꾸미볶음

쫄깃쫄깃 아삭아삭 매콤 달콤한 맛

주재료

주꾸미 500g(15~20마리, 크기에 따라 달라요)
콩나물 ½봉(150g)

기본재료

- 대파 ⅓대(송송 썬 것)
- 진간장 4숟가락
- 다진 마늘 1숟가락
- 고추장 1숟가락
- 고춧가루 4숟가락
- 설탕 2숟가락
- 올리고당 1숟가락
- 밀가루 3숟가락

1. 손질한 주꾸미에 밀가루 3숟가락을 넣고 박박 주무른 다음 깨끗이 헹궈주세요.

tip 밀가루로 주무르면 빨판 사이에 붙어 있는 이물질이나 먹물이 쉽게 제거됩니다.

2. 진간장 4숟가락, 다진 마늘 1숟가락, 고추장 1숟가락, 고춧가루 4숟가락, 설탕 2숟가락을 섞어서 양념장을 만들어주세요.

3. 콩나물에 찬물을 붓고 불에 올려 물이 끓기 시작하면 1분 후 콩나물을 건져내서 찬물에 헹궈주세요.

tip 삶은 콩나물을 바로 찬물에 헹구면 아삭한 맛을 살릴 수 있어요.

4. 끓는 물에 주꾸미를 넣고 살짝 데쳐주세요. 주꾸미 다리가 동그랗게 말리면 꺼내서 찬물에 헹구고 물기를 빼주세요.

욜로리아 한마디

주꾸미 손질법
주꾸미 대가리와 다리가 분리된 쪽으로 가위를 넣고 대가리를 깊게 잘라주세요. 대가리를 뒤집어 내장과 알을 떼어내고 먹물이 다 빠질 때까지 깨끗이 헹궈주세요.
레시피의 주꾸미 모양은 대가리와 다리를 자르지 않았습니다. 푸짐하게 먹으려면 대가리와 다리를 분리합니다.

5. 데친 주꾸미와 양념장을 한 번 섞어서 살짝 볶아주세요. 주꾸미는 한 번 데쳤기 때문에 오래 볶지 않아도 됩니다.

6. 불을 끄고 올리고당 1숟가락을 골고루 섞어 윤기를 더하고, 삶은 콩나물과 송송 썬 대파를 주꾸미 위에 올립니다.

25분

부대찌개

밥 2공기 부르는 맛

주재료

소시지 100g
스팸 150g
슬라이스치즈 1장
베이크드빈스 3숟가락
다진 고기 100g(돼지고기 또는 소고기)
콩나물 1줌

기본재료

- 양파 ½개
- 대파 1대
- 다진 마늘 ½~1숟가락
- 고춧가루 1~2숟가락
- 소금 ⅓숟가락
- 라면수프 ½숟가락
- 물 300ml

1. 콩나물은 씻어서 물기를 빼주세요. 양파는 3mm 두께로 채를 썰고, 대파는 어슷썰기를 해 주세요.

2. 소시지는 1cm 두께로 어슷썰기를 하고, 스팸은 반으로 잘라 한쪽을 최대한 얇게 썰어주세요. 다양한 식감을 위해 나머지 스팸은 깍둑썰기를 합니다.

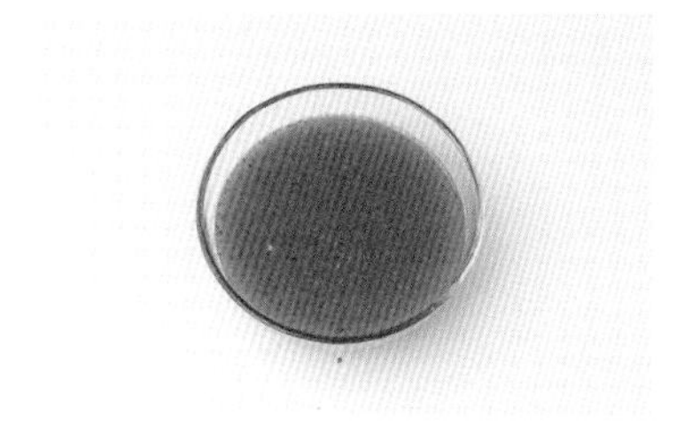

3. 물 300ml, 고춧가루 1~2숟가락, 소금 ⅓숟가락, 다진 마늘 ½~1숟가락을 섞어 국물을 만들어주세요.

4. 냄비에 양파, 대파 흰 부분, 소시지, 스팸, 다진 고기 100g, 베이크드빈스 3숟가락을 담고 3의 국물을 부은 다음 콩나물 1줌을 올려주세요.

5. 찌개가 끓으면 라면수프 ½숟가락을 넣고, 대파 푸른 부분을 올려 1분만 더 끓여주세요.

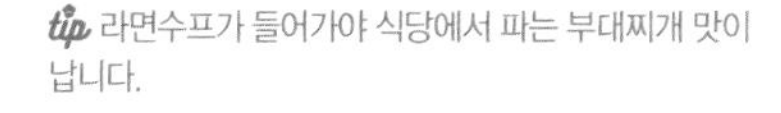

tip 라면수프가 들어가야 식당에서 파는 부대찌개 맛이 납니다.

6. 불을 끄고 슬라이스치즈 1장을 올려주세요.

욜로리아 한마디

- 물 대신 멸치육수 또는 사골육수를 이용하면 더 깊은 맛이 납니다.
- 라면과 떡을 추가할 때는 물 양을 늘려주세요.

30분

소고기미역국

깊고 진한 국물 맛

주재료

자른 미역 ½컵
국거리 소고기 150g

기본재료

- □ 들기름(또는 참기름) 1숟가락
- □ 다진 마늘 ½숟가락
- □ 국간장 1숟가락
- □ 소금 조금(입맛에 따라 조절)
- □ 물 800ml

1. 미역은 10분 정도 물에 불려서 씻어주세요.

2. 소고기는 찬물에 헹궈주세요.

tip 찬물에 담가 핏물을 빼기도 하는데 수입육은 핏물이 잘 배어나지 않습니다.

3. 냄비에 미역을 덖어서 수분을 날려주세요.

tip 미역을 덖어주면 비린내가 날아가고 더 깊은 맛을 냅니다.

4. 덖은 미역에 소고기, 들기름(또는 참기름) 1숟가락, 다진 마늘 ½숟가락을 넣고 볶아주세요.

5. 물 800ml를 부은 후 국간장 1숟가락을 넣고 끓여주세요.

6. 국이 끓으면 불을 줄이고 소금으로 간을 맞춘 다음 10분 정도 더 끓여주세요.

tip 국이 뜨거울 때는 짠맛이 약하게 느껴지니 국이 끓을 때는 약간 심심하게 간을 맞춰주세요. 미역국은 오래 끓일수록 깊은 맛이 납니다.

1시간

충무김밥

맨밥에 어울리는 쫄깃하고 아삭 매콤한 맛

주재료

햇반 1개
김밥용 김 3장
오징어 1마리
무 ½개

기본재료

섞박지

- ▫ 양파 ½개
- ▫ 대파 ½대
- ▫ 소금 2숟가락
- ▫ 설탕 1숟가락
- ▫ 고춧가루 4숟가락
- ▫ 다진 마늘 1숟가락
- ▫ 새우젓 1숟가락

오징어무침

- ▫ 고추장 ½숟가락
- ▫ 고춧가루 1+½숟가락
- ▫ 설탕 1+½숟가락
- ▫ 다진 마늘 ½숟가락
- ▫ 올리고당 1숟가락

섞박지 만들기

1. 무 ½개는 4등분하고 0.5cm 두께로 잘라주세요.

2. 무에 소금 2숟가락, 설탕 2숟가락을 섞어서 1시간 절인 후 물기를 꽉 짜주세요.

3. 양파는 2mm 두께로 채를 썰고, 대파는 송송 썰어주세요.

4. 절인 무에 고춧가루 2숟가락을 넣고 골고루 섞어주세요.

5. 다진 마늘 1숟가락, 새우젓 1숟가락, 고춧가루 2숟가락, 양파, 대파를 넣고 충분히 버무려주세요.

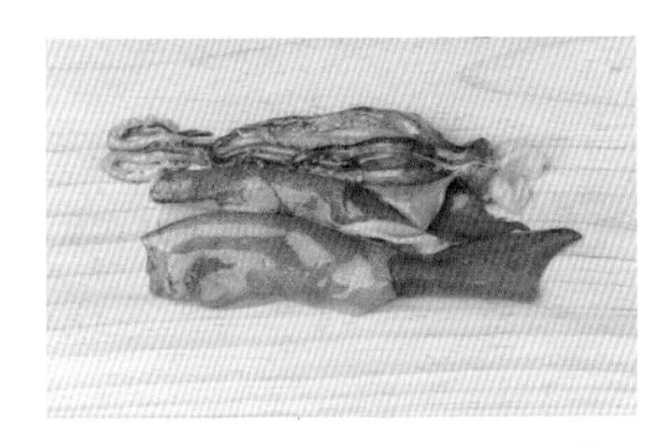

1. 오징어 내장을 제거한 후 깨끗이 씻어주세요.

tip 냉동 절단 오징어를 사면 저렴하고 오래 먹을 수 있습니다.

2. 오징어를 끓는 물에 데친 후 몸통을 1cm 두께로 썰어주세요. 다리도 먹기 좋은 크기로 썰어줍니다.

3. 고추장 ½숟가락, 고춧가루 1+½숟가락, 설탕 1+½숟가락, 다진 마늘 ½숟가락, 올리고당 1숟가락을 넣고 오징어를 무쳐주세요.

4. 김밥용 김을 반으로 자른 후 흰밥을 올리고 말아주세요.

5. 김밥을 3등분으로 잘라 섞박지, 오징어무침과 함께 접시에 담아주세요.

미나리오징어초무침

30분

향긋한 미나리와 쫄깃한 오징어의 조합

주재료

오징어 1마리
미나리 1봉(200g)

기본재료

- □ 양파 1개
- □ 청양고추 1개
- □ 고춧가루 3숟가락
- □ 식초 10숟가락
  (세척용 2숟가락 포함)
- □ 설탕 1숟가락
- □ 다진 마늘 1숟가락
- □ 깨 ½숟가락

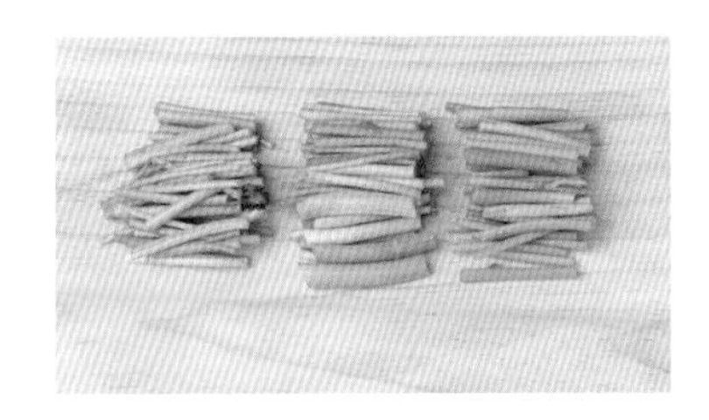

1. 미나리는 식초 2숟가락을 섞은 물에 담가 살살 흔들어서 이물질을 뺀 후 여러 번 헹구고 물기를 뺀 다음 5cm 길이로 썰어주세요.

2. 양파는 2mm 두께로 채를 썰고, 청양고추는 송송 썰어주세요.

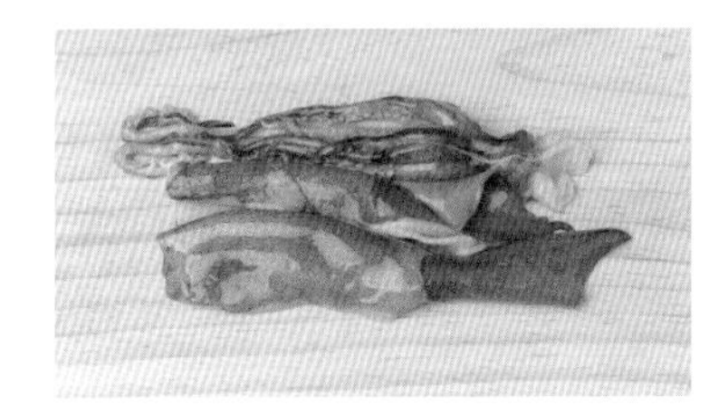

3. 오징어는 내장을 제거하고 깨끗이 씻어 끓는 물에 데쳐주세요.

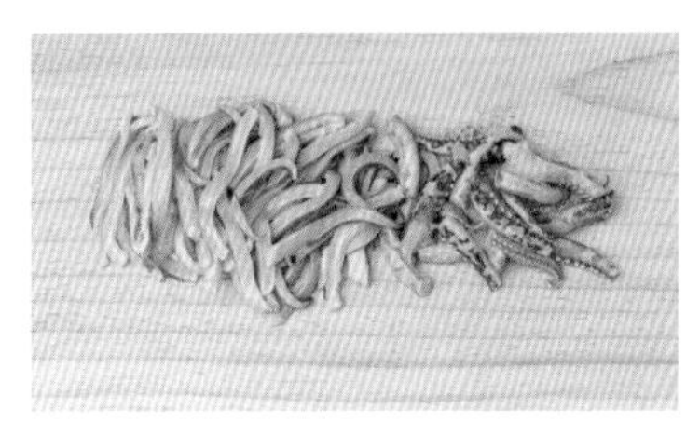

4. 데친 오징어 몸통을 길게 반으로 자른 후 1cm 두께로 썰어주세요. 다리도 먹기 좋은 크기로 썰어주세요.

5. 고춧가루 3숟가락, 식초 8숟가락, 설탕 1숟가락, 다진 마늘 1숟가락을 섞어 양념장을 만들어주세요.(단맛과 신맛은 입맛에 따라 조절합니다.)

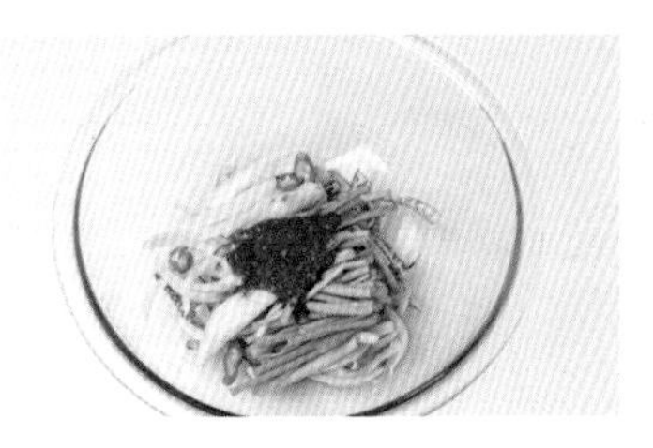

6. 볼에 미나리, 양파, 청양고추, 오징어를 담고 양념장을 넣어 섞어주세요.

7. 접시에 양념한 미나리와 오징어를 올리고 깨 ½숟가락을 뿌려주세요.

30분

감자고추장찌개

고소하고 얼큰한 맛

주재료

돼지고기 목살 200g
(또는 껍데기 부위)
감자 2개
애호박 ½개
두부 ½모

기본재료

- □ 양파 ½개
- □ 대파 ½대
- □ 고추장 2숟가락
- □ 다진 마늘 ½숟가락
- □ 소금 ½숟가락
- □ 식용유 2숟가락
- □ 물 800ml

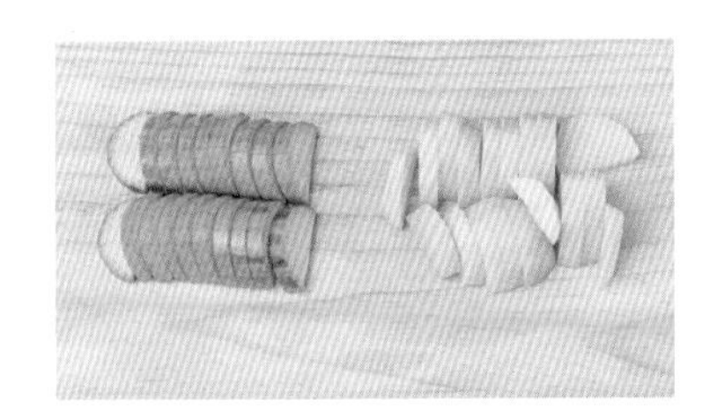

1. 감자와 애호박은 반으로 잘라 0.5cm 두께로 반달썰기를 해주세요.

2. 양파는 깍둑썰기를 하고, 대파는 동그랗게 송송 썰어주세요.

3. 두부는 가로세로 1cm 크기로 깍둑썰기를 해주세요.

4. 돼지고기 목살은 1.5cm×2.5cm 크기로 썰어주세요.

5. 냄비에 식용유 2숟가락을 두르고, 돼지고기, 소금 ½숟가락, 다진 마늘 ½숟가락, 송송 썬 대파를 넣고 볶아주세요.

6. 물 800ml를 붓고, 고추장 2숟가락, 양파, 감자를 넣고 끓여주세요.

tip 국물에 기름이 떠야 깊은 맛이 납니다.

7. 감자가 익으면 애호박과 두부를 넣고 5분 정도 더 끓여주세요.

1시간

초계국수

새콤하고 시원한 닭고기 국수

주재료

닭 1마리
삶은 달걀 1~2개
소면 2줌
오이 1개
무 1덩이(8cm)

기본재료

- □ 양파 1개
- □ 마늘 2개
- □ 대파 ½대
- □ 소금 3숟가락
- □ 설탕 깎아서 2숟가락 +4숟가락
- □ 식초 6숟가락+12숟가락
- □ 물 1L

1. 냄비에 닭이 살짝 잠길 정도로 물을 붓고 한 번 끓인 후 물을 버려주세요. 닭 기름기를 제거하는 과정이에요.

2. 물 1L에 한 번 끓인 닭과 양파, 마늘, 대파, 소금 1숟가락을 넣고 푹 익을 정도로 끓여주세요.

3. 오이는 4등분한 후 돌려 깎아서 채를 썰어 소금 ½숟가락을 넣고 살짝 섞어서 10분간 절인 후 물기를 꽉 짜주세요.

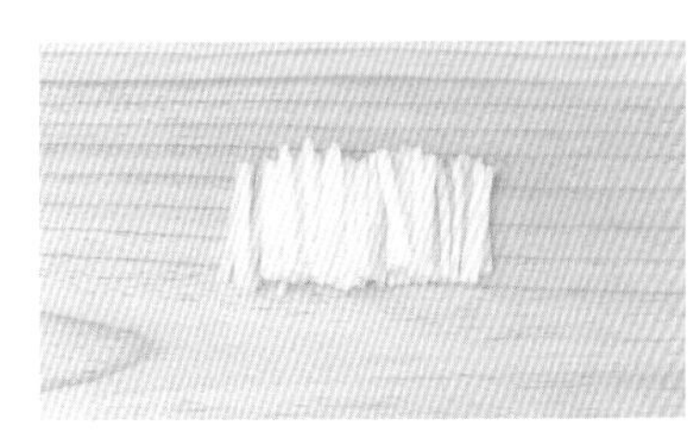

4. 무도 얇게 채를 썰고 소금 ½숟가락을 섞어 30분 정도 절인 다음 물기를 꽉 짠 후 설탕 깎아서 2숟가락, 식초 6숟가락을 넣고 섞어주세요.

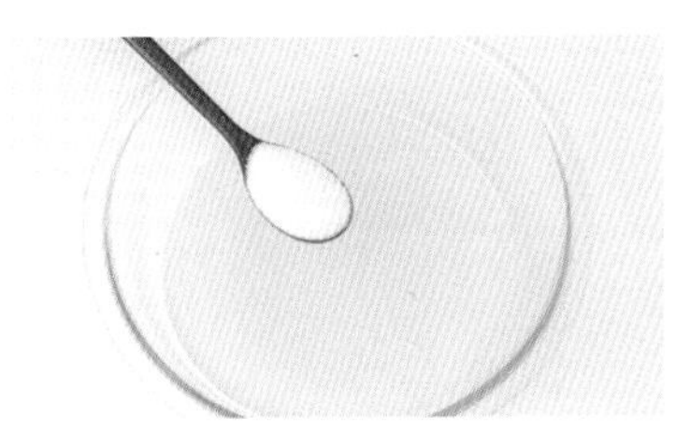

5. 삶은 닭을 건져내고 육수를 체에 걸러서 식힌 후 육수 800ml에 소금 1숟가락, 설탕 깎아서 4숟가락, 식초 12숟가락을 섞어 냉동실에 넣어두세요

6. 닭고기는 잘게 찢고, 달걀 1~2개는 삶아서 반으로 잘라주세요.

7. 소면을 삶아서 찬물에 헹궈주세요.

tip 물이 끓어오를 때 찬물을 조금씩 붓기를 3회 반복하면 면이 탱탱하게 삶아집니다.

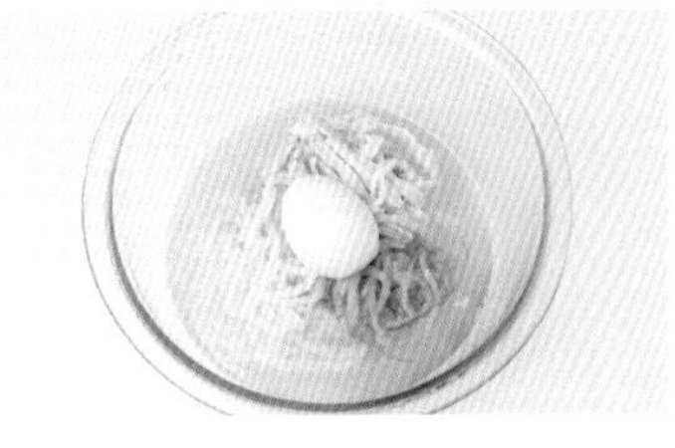

8. 그릇에 소면을 담고 오이, 무, 삶은 달걀, 찢은 닭고기를 올린 다음 차가운 육수를 부어주세요.

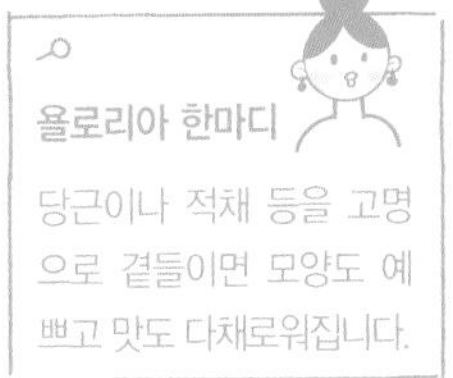

욜로리아 한마디

당근이나 적채 등을 고명으로 곁들이면 모양도 예쁘고 맛도 다채로워집니다.

30분

돼지고기콩나물밥

두 번 먹을 수밖에 없는 맛

주재료

쌀 2컵(쌀계량컵 160ml 기준)
다진 돼지고기 200g
콩나물 ½봉(150g)

기본재료

- □ 대파 ⅓대(다진 것)
- □ 청양고추 1개(다진 것)
- □ 진간장 50ml
- □ 다진 마늘 ⅓숟가락
- □ 고춧가루 ½숟가락
- □ 참기름 1숟가락
- □ 깨 ½숟가락
- □ 진간장 2숟가락
- □ 맛술 1숟가락
- □ 후춧가루 조금

1. 콩나물을 깨끗이 씻은 후 다듬어주세요.

2. 다진 돼지고기에 맛술 1숟가락, 진간장 2숟가락, 후춧가루 조금 넣고 버무려서 밑간을 해주세요.

3. 콩나물에서 수분이 나오기 때문에 평소보다 밥물을 적게 맞추고, 쌀 위에 콩나물과 양념한 돼지고기를 차례로 올려주세요. 콩나물은 쌀의 2~2.5배 넣어주세요.

4. 뚜껑을 덮고 센 불에서 끓기 시작하면 중불로 낮춰 10분 정도 끓인 다음 최대한 약불로 5분 이상 뜸을 들입니다.

tip 냄비밥은 뜸 들이기가 중요합니다.

5. 잘게 다진 대파와 청양고추, 진간장 50ml, 다진 마늘 ⅓숟가락, 고춧가루 ½숟가락, 참기름 1숟가락, 깨 ½숟가락을 섞어 양념장을 만들어주세요.

tip 진간장 양은 밥을 비벼 먹을 만큼 넉넉하게 넣으면 됩니다.

6. 밥이 완성되면 골고루 섞어 그릇에 담고 양념장에 비벼 먹으면 됩니다.

tip 달걀 프라이 반숙을 올리면 더욱 별미입니다.

15분

감바스알아히요

고소함과 얼큰함이 부드럽게 어울리는 맛

주재료

냉동 깐새우 15마리

기본재료

- □ 마늘 5개
- □ 엑스트라버진 올리브오일 (또는 무향 코코넛오일) 50ml
- □ 레드페퍼 조금
- □ 파슬리 가루 조금
- □ 바게트(또는 식빵)
- □ 소금 2꼬집
- □ 후춧가루 조금

1. 마늘은 얇게 편으로 썰어주세요.

2. 냉동 깐새우는 한 번 씻어서 물기를 빼고 소금 2꼬집, 후춧가루 조금 뿌려 밑간을 해주세요.

3. 프라이팬에 엑스트라버진 올리브오일 50ml를 붓고, 편 썬 마늘, 레드페퍼를 넣고 중불에 뭉근하게 끓여주세요.

4. 마늘 색이 진하게 변하면 물기를 제거한 밑간한 새우를 넣어주세요.

5. 새우를 앞뒤로 골고루 볶아서 익힌 다음 후춧가루와 파슬리 가루를 뿌려주세요.

6. 바게트 또는 구운 식빵을 잘라 함께 냅니다.

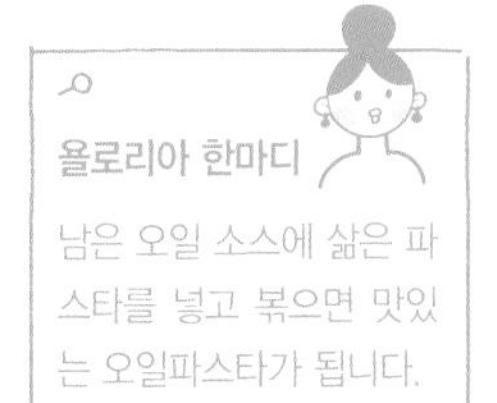

욜로리아 한마디

남은 오일 소스에 삶은 파스타를 넣고 볶으면 맛있는 오일파스타가 됩니다.

30분

맑은순두부찌개

시원하고 칼칼한 맛

주재료

순두부 1봉
애호박 ⅓개
바지락 1봉
다진 돼지고기 150g
팽이버섯 1줌

기본재료

- □ 양파 ½개
- □ 대파 ½개
- □ 청양고추 1개
- □ 다진 마늘 ⅓숟가락
- □ 새우젓 1숟가락
- □ 식용유 4숟가락
- □ 물 800ml
- □ 소금 1숟가락(해감용)

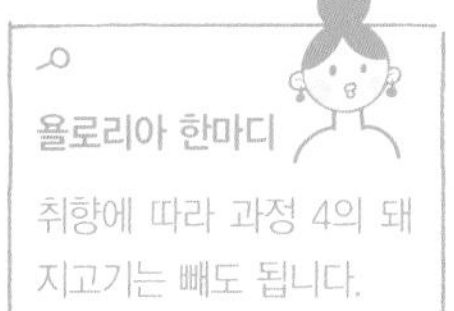

욜로리아 한마디

취향에 따라 과정 4의 돼지고기는 빼도 됩니다.

1. 바지락은 소금 1숟가락을 섞은 물에 뚜껑을 덮고 30분 정도 담가두었다가 씻어주세요.

tip 밝은 상태에서는 해감이 잘되지 않으니 투명한 뚜껑은 사용하지 않습니다. 뚜껑 대신 검은 비닐을 씌워도 됩니다.

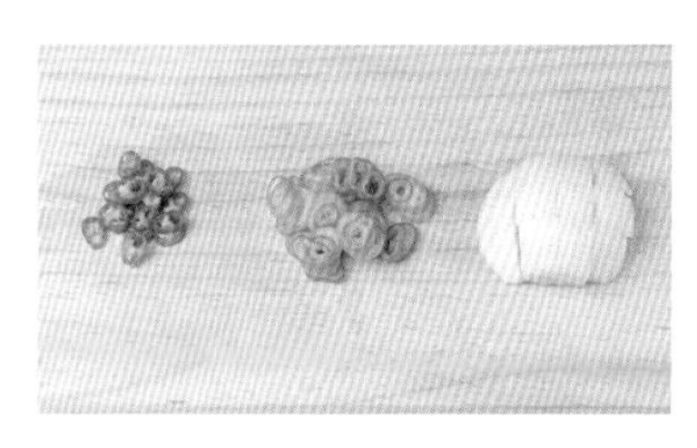

2. 양파는 깍둑썰기를 하고, 대파와 청양고추는 송송 썰어주세요.

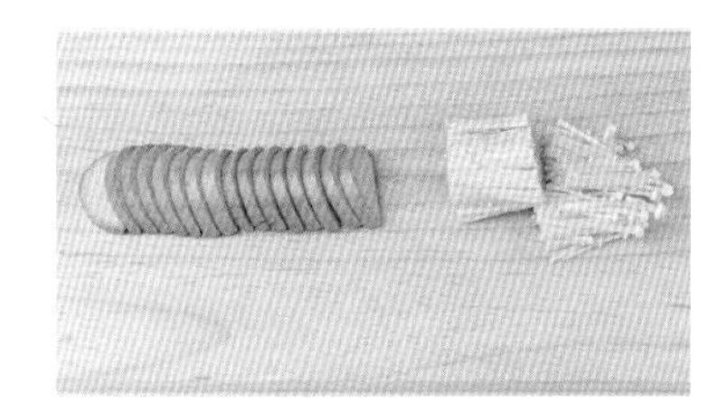

3. 팽이버섯은 밑동을 제거한 후 반으로 자르고, 애호박은 반달썰기를 해주세요.

4. 프라이팬에 식용유 4숟가락, 양파, 다진 돼지고기, 다진 마늘 ⅓숟가락을 넣고 볶아주세요.

5. 물 800ml에 새우젓 1숟가락을 넣고 끓여주세요.

6. 물이 끓으면 바지락과 애호박, 청양고추를 넣고 끓여주세요.

7. 바지락 입이 벌어지면 순두부를 넣어주세요.

8. 마지막으로 팽이버섯과 대파를 넣고 한 번 더 끓여주세요.

tip 싱거우면 새우젓 또는 소금으로 간을 맞춥니다.

30분

밀피유나베

배추 국물이 시원한 샤브샤브

주재료

샤브용 소고기 600g
알배추 1통
청경채 3대
쑥갓 1줌
표고버섯 3개
팽이버섯 1개
깻잎 1봉

기본재료

- □ 무 1덩이(5cm)
- □ 국물용 멸치 1줌
- □ 대파 1대
- □ 양파 1개
- □ 통마늘 3개
- □ 국간장 7숟가락
- □ 다진 생강 ⅓숟가락
- □ 진간장(또는 양조간장) 2숟가락(소스용)
- □ 고추냉이 ⅓숟가락(소스용)
- □ 칠리소스 2숟가락(소스용)
- □ 물 1L

1. 물 1L에 무, 국물용 멸치 1줌, 대파 1대, 양파 1개, 통마늘 3개, 다진 생강 ⅓숟가락, 국간장 7숟가락을 넣고 끓여주세요. 한 번 끓으면 불을 줄이고 국물이 진하게 우러나올 정도로 오래 끓여주세요.

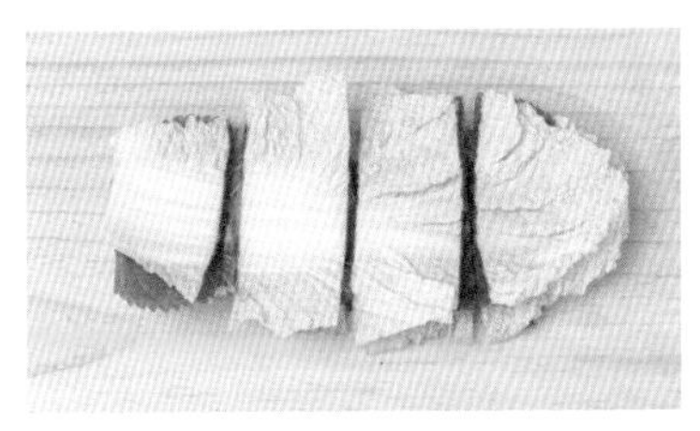

2. 알배추→깻잎→소고기 순으로 쌓은 후 3~4등분(냄비 높이에 맞춰)으로 잘라주세요.

3. 2를 냄비에 둥그렇게 둘러가며 세워주세요.

4. 표고버섯은 밑동을 자르고 머리 한가운데 열십자(+) 모양으로 칼집을 내주세요.

5. 냄비 한가운데 꼭지를 다듬은 청경채와 밑동을 제거한 팽이버섯, 표고버섯을 올려주세요.

6. 배추가 3/4 정도 잠길 만큼 육수를 붓고 뚜껑은 덮어 끓여주세요.

tip 배추에서도 수분이 나오기 때문에 육수를 너무 많이 부으며 끓어 넘칩니다.

7. 육수가 끓으면 쑥갓을 올려주세요.

욜로리아 한마디

고기와 채소는 건져서 고추냉이 간장(진간장 2숟가락 + 고추냉이 ⅓숟가락) 또는 칠리소스에 찍어 먹습니다. 남은 육수에 면을 넣고 끓이거나 밥을 넣어 죽을 끓여도 됩니다.

Special

30분

무굴밥

무와 굴이 담백하게 어우러진 맛

주재료

쌀 2컵(쌀계량컵 160ml 기준)
무 1덩이(3.5cm)
굴 1~2봉(110~220g)
표고버섯 3개
당근 ⅓개

기본재료

- 대파 ¼대
- 청양고추 1개
- 천일염 ⅓숟가락(해감용)
- 다시마 3장(3.5cm×5cm)
- 진간장(또는 양조간장) 4숟가락
- 깨 ½숟가락
- 고춧가루 ½숟가락
- 다진 마늘 ½숟가락

1. 쌀 2컵을 씻어서 담고 밥물을 조금 적게 맞춘 후 다시마 3장을 넣고 30분 정도 불려주세요.

2. 굴을 깨끗이 씻은 후 물기를 빼주세요.

tip 굴은 천일염 ⅓숟가락을 넣고 살살 흔든 후 깨끗한 물에 2~3회 헹궈 불순물을 제거해주세요.

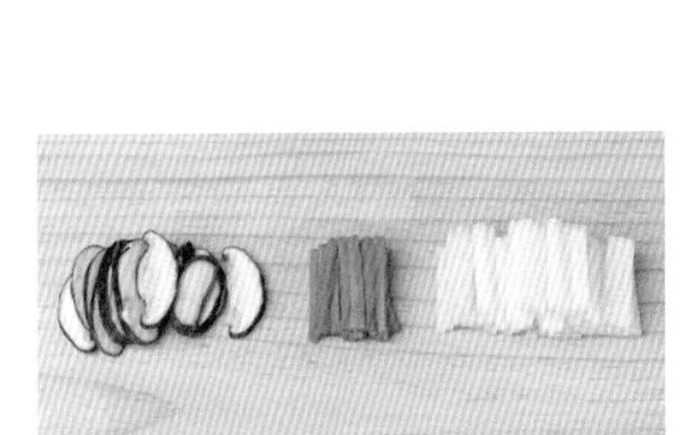

3. 당근은 3mm 두께로 채를 썰고, 표고버섯은 얇게 편으로 무는 0.5cm 두께로 채를 썰어주세요.

tip 버섯은 향이 없어지지 않도록 물에 씻지 않고 키친타월로 톡톡 닦아주세요. 무를 너무 얇게 썰면 밥을 지었을 때 뭉그러져서 형태가 없어집니다.

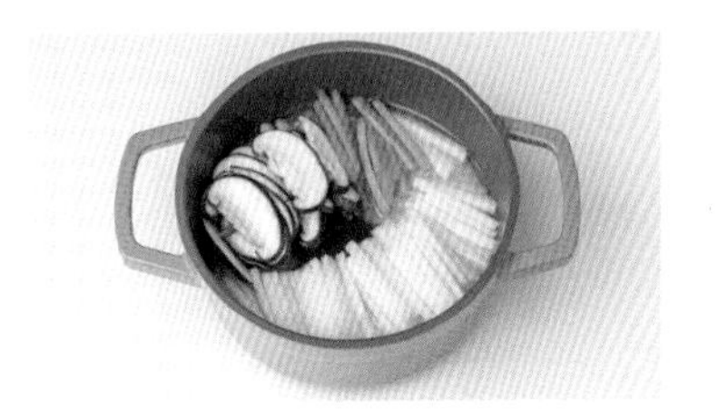

4. 불린 쌀 위에 무, 당근, 버섯을 가지런히 펴서 올리고 밥을 지어주세요.

tip 전기 압력밥솥은 처음부터 굴을 함께 넣고 일반 백미 모드로 밥을 지어주세요.

5. 뚜껑을 덮고 센 불에서 끓기 시작하면 중불로 낮춰 10분 정도 끓인 다음 뚜껑을 열고 굴을 올려 아주 약불에서 5분 정도 뜸을 들입니다.

6. 대파와 청양고추는 잘게 다져서 진간장 4숟가락, 깨 ½숟가락, 고춧가루 ½숟가락, 다진 마늘 ½숟가락을 섞어서 양념장을 만들어주세요.

7. 밥이 완성되면 무와 굴이 으깨지지 않도록 살살 섞은 후 그릇에 담아 양념장에 비벼서 먹습니다.

매생이떡국

매생이의 시원한 맛이 어우러진 떡국

주재료

매생이 ½공기
떡국떡 1공기
굴 1컵
달걀 1개

기본재료

- □ 국물용 멸치 1줌
- □ 다시마 3장
- □ 다진 마늘 ⅓숟가락
- □ 국간장 1숟가락
- □ 소금 조금

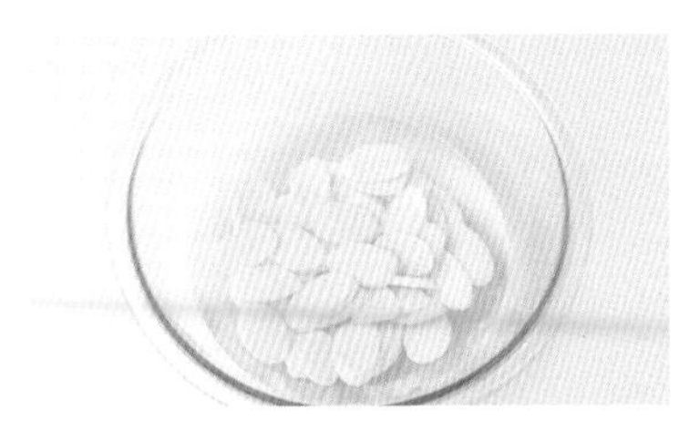

1. 떡국떡 1공기를 물에 헹군 다음 물에 담가서 불려주세요.

2. 국물용 멸치 1줌, 다시마 3장을 넣고 끓여서 육수를 만들어주세요. 물이 끓기 시작하면 다시마는 건져냅니다.

3. 매생이는 찬물에 살살 흔들어 여러 번 세척해주세요.

4. 굴은 찬물에 여러 번 헹궈 불순물을 제거하고 물기를 빼주세요.

5. 달걀 흰자와 노른자를 분리해서 부친 후 다이아몬드 모양으로 잘라 지단을 만들어주세요.

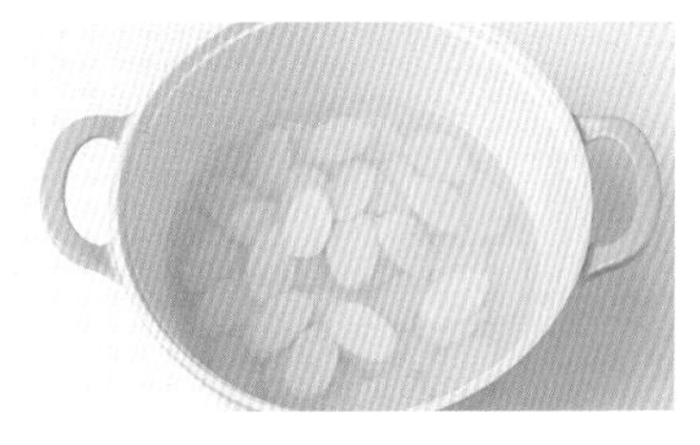

6. 멸치육수는 건더기를 건져내고 다진 마늘 ⅓숟가락, 국간장 1숟가락, 소금으로 간을 맞춘 후 불린 떡국떡을 넣고 끓여주세요.

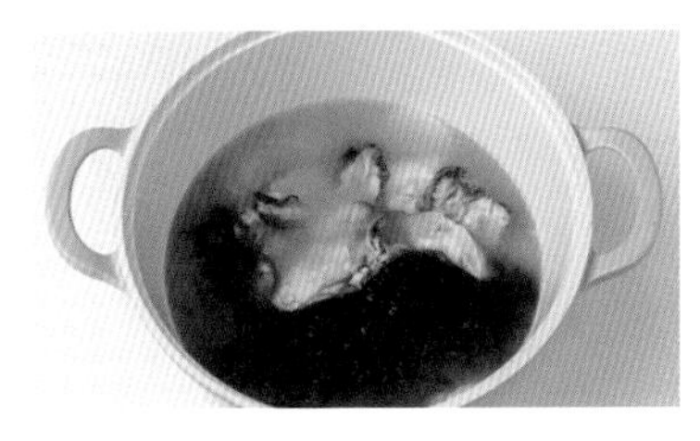

7. 떡이 떠오르면 매생이와 굴을 넣고 한소끔 끓여주세요.

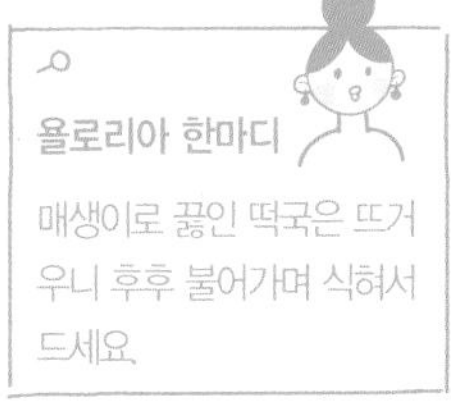

욜로리아 한마디

매생이로 끓인 떡국은 뜨거우니 후후 불어가며 식혀서 드세요.

30분

소고기무국

소고기의 깊은 맛, 무의 시원한 맛

주재료

국거리 소고기 150g
무 흰 부분 1덩이(2cm)
두부 ½모

기본재료

- 대파 ½대
- 양파 ½개
- 다진 마늘 ½숟가락
- 참기름 1숟가락
- 국간장 1숟가락
- 후춧가루 조금
- 물 800ml

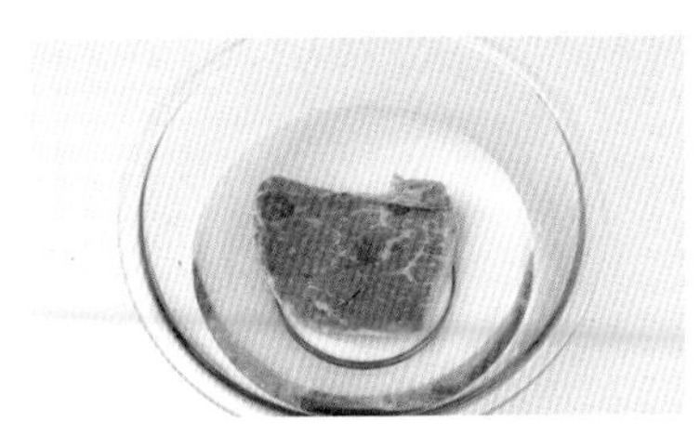

1. 국거리 소고기를 찬물에 담가 핏물을 빼주세요.

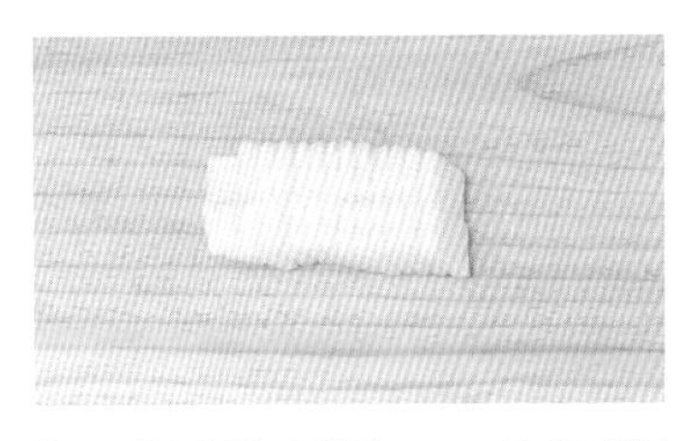

2. 무 흰 부분을 4등분하고 2mm 두께로 썰어 주세요.

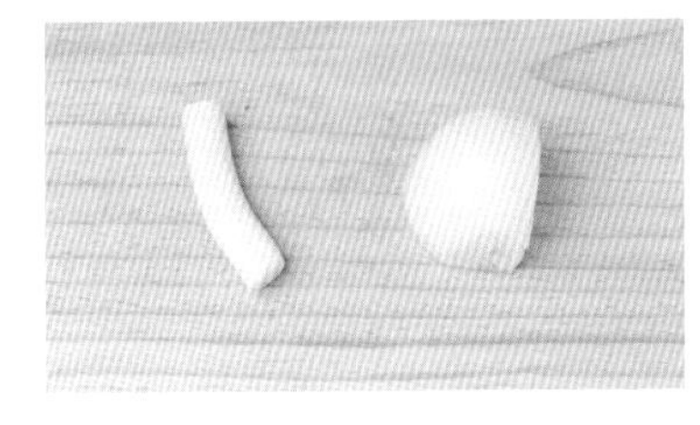

3. 육수용 양파와 대파 흰 부분을 반으로 잘라 주세요.

4. 핏물 뺀 소고기는 찬물에 헹군 다음 적당한 크기로 썰어서 무, 참기름 1숟가락, 다진 마늘 ½숟가락, 국간장 1숟가락을 넣고 볶아주세요.

5. 고기 표면이 익으면 물 800ml, 육수용 양파와 대파를 넣고 무가 푹 익을 정도로 끓여주세요.

tip 무가 푹 익을 정도로 끓여야 맛이 제대로 우러나옵니다.

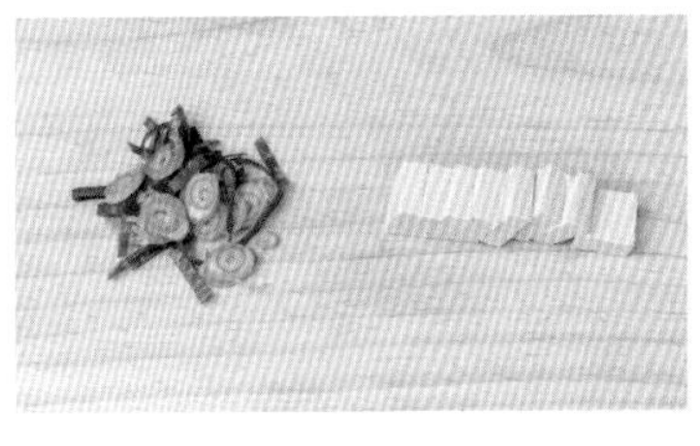

6. 대파 푸른 부분은 송송 썰고, 두부는 1cm 두께로 잘라주세요.

7. 국이 끓으면 두부와 송송 썬 대파를 넣고 5분 더 끓여주세요.

tip 후춧가루는 먹기 직전에 기호에 따라 뿌립니다.

욜로리아 한마디

무를 얇게 썰어야 빨리 익고 무의 단맛이 빨리 우러납니다.

소고기배추된장국

밥 말아 먹고 싶은 구수한 맛

주재료

소고기 150g
배추 ¼통

기본재료

- 굵은소금 1숟가락
- 대파 ½대
- 청양고추 2개
- 홍고추 2개
- 된장 듬뿍 1숟가락
- 국물용 멸치 1줌
- 참기름 1숟가락
- 다진 마늘 ½숟가락
- 국간장 1숟가락
- 양파 ½개
- 고춧가루 1~2숟가락
- 국간장 또는 소금
- 물 800ml

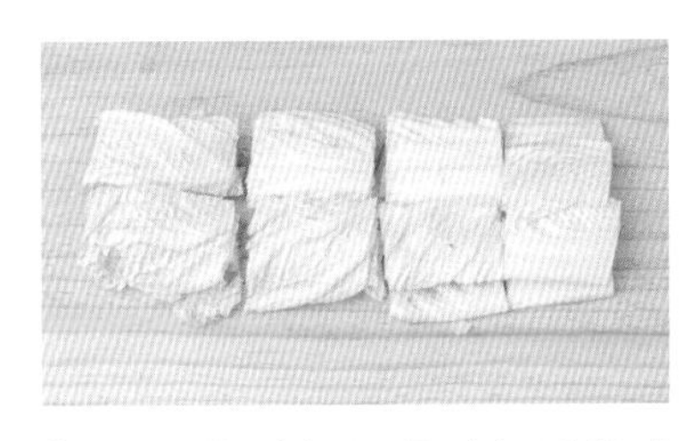

1. 배추 겉잎을 길게 자른 후 다시 4등분을 해 주세요.

2. 끓는 물에 굵은 소금 1숟가락을 넣고 자른 배춧잎을 10분간 삶은 후 찬물에 헹궈 물기를 짜 주세요.

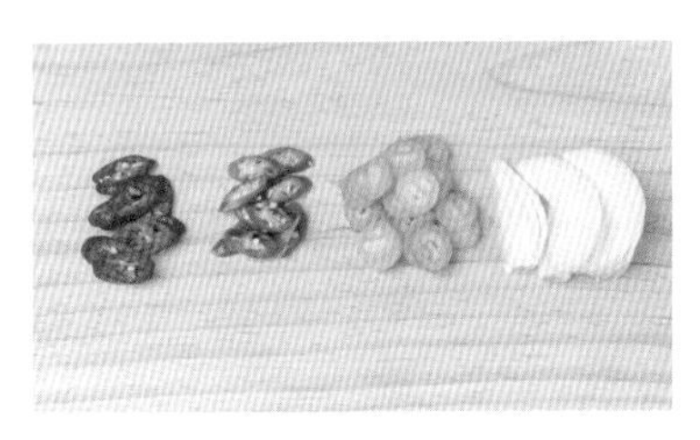

3. 청양고추, 홍고추, 대파는 송송 썰고, 양파는 2mm 두께로 채를 썰어주세요.

4. 국거리 소고기는 물에 헹군 후 물기를 빼고 참기름 1숟가락, 다진 마늘 ½숟가락, 국간장 1숟가락을 넣고 볶아주세요.

5. 물 800ml에 국물용 멸치와 양파를 넣고 끓여서 육수를 만들어주세요.

6. 볶은 소고기에 멸치육수를 붓고, 된장 듬뿍 1숟가락, 배추, 청양고추, 홍고추를 넣어 끓여주세요.

7. 입맛에 따라 국간장 또는 소금으로 간을 맞춘 후 고춧가루 1~2숟가락, 대파를 넣고 한 번 더 끓여주세요.

INDEX

◆ memo ◆

✦ memo ✦